DeepSeek 从入门到精通

打造你的专属AI助手

彬彬老师 高艺轩 ▶ 编著

电子工业出版社·

Publishing House of Electronics Industry

北京·BEIJING

内 容 简 介

这是一本系统指导读者掌握通用人工智能工具DeepSeek的实战手册，以"打造你的专属AI助手"为核心，为你提供个性化的知识服务，书中总结了DeepSeek的5个有效提问的黄金法则、6种AI高效提示词模板及30多个实战场景应用案例，帮助用户从0到1，进阶为AI高效能使用者。

本书共10章：从基础操作（DeepSeek的下载、注册、使用）到高阶应用（有效提问、提示词模板、复杂任务拆分），再到垂直细分领域的实战（日常生活、家庭教育、职场工作、自媒体、金融、创业等），以及DeepSeek+其他工具的组合应用。书中不仅深度解析了AI在内容创作、数据分析、合同风控、投资决策、家庭教育等场景中的应用逻辑，还包含大量可复制的指令模板，如"家庭财务规划公式""爆款内容生成SOP""个股分析框架"，并融入当下流行的"BROKE""TRACE"等结构化提示词模板，确保读者即学即用。

本书适合AI技术探索者、职场效率追求者、自媒体创作者、教育工作者、金融从业者及创业者阅读。无论是希望用AI优化生活效率的新手，还是寻求商业变现的资深用户，都能通过本书掌握"AI+行业"的落地方法论，实现效率跃迁与思维升级。

图书在版编目（CIP）数据

DeepSeek从入门到精通：打造你的专属AI助手 / 彬彬老师，高艺轩编著. -- 北京：电子工业出版社，
2025. 3. -- ISBN 978-7-121-34588-3

Ⅰ. TP18

中国国家版本馆CIP数据核字第2025VV3351号

责任编辑：董 英
文字编辑：付 睿
印　　刷：涿州市京南印刷厂
装　　订：涿州市京南印刷厂
出版发行：电子工业出版社
　　　　　北京市海淀区万寿路173信箱　　　　　　　邮编：100036
开　　本：720×1000　　　　1/16　　　　　印张：14.75　　　字数：306.8千字
版　　次：2025年3月第1版
印　　次：2025年3月第3次印刷
定　　价：78.00元

凡所购买电子工业出版社图书有缺损问题，请向购买书店调换。若书店售缺，请与本社发行部联系，联系及邮购电话：（010）88254888，88258888。

质量投诉请发邮件至zlts@phei.com.cn，盗版侵权举报请发邮件至dbqq@phei.com.cn。

本书咨询联系方式：faq@phei.com.cn。

推荐序

在人工智能的浩瀚星空中，生成式 AI 无疑是最耀眼的明星之一。作为一名深耕生成式 AI 领域的从业者，我深切感受到这项技术所带来的变革。为《DeepSeek 从入门到精通》一书作序，这不仅代表了我对作者彬彬老师卓越工作的认可，也让我有机会深入思考 AI 时代的发展趋势。

自 ChatGPT 诞生以来，全球 AI 技术迎来了爆发式增长，生成式 AI 正在重塑各行各业的生产方式和创新模式。DeepSeek 作为中国自主研发的生成式 AI 代表，正在以惊人的速度推动着 AI 产业的变革。它不仅具备卓越的自然语言理解和文本生成能力，还在代码编写、数据分析、任务自动化等领域大展身手，并借助多模态技术拓展至图像、音频和视频生成领域，为开发者和企业提供了前所未有的创造力支持。

《DeepSeek 从入门到精通》不仅是一本 AI 技术指南，更是一本深入探索 AI 时代应用方法论的实战宝典。本书具备以下 4 个显著特点。

1. 体系完备，深入浅出

书中不仅介绍了 DeepSeek 的核心技术原理，还系统地讲解了如何从零开始掌握它。无论是 AI 领域的初学者，还是资深开发者，都能从中找到适合自己的学习路径，循序渐进地掌握这项技术。

2. 实战案例丰富，贴近行业需求

书中提供了很多真实案例，涵盖 AI 写作、代码生成、智能客服、数据分析等多个热门应用场景。每个案例都经过精心设计，不仅有助于理解 DeepSeek 的强大能力，还能直接应用于实际工作，提高效率。

3. 提炼核心技巧，提高 AI 交互效率

书中总结了 DeepSeek 的 5 个有效提问的黄金法则、6 种 AI 高效提示词模板及 30 多个实战场景应用案例，这些内容能够帮助读者优化 AI 交互方式，提高任务处理效率，让 AI 成为更得力的助手。

4. 前瞻性视角，布局未来

生成式 AI 并非仅仅停留在文本生成层面，而是具备跨模态、自主学习和智能扩展的能力。本书对这些趋势进行了深入探讨，帮助读者提前布局，抓住 AI 发展的红利。

值得注意的是，AI 技术的每一次飞跃都会带来新的商业模式和产业变革，而生成式 AI 作为当前 AI 革命的核心力量，正在塑造未来社会的多个方向。

- 个性化 AI 助手普及：未来，每个人都可拥有定制版的 AI 助手，这些 AI 助手能协助我们管理工作与生活，提供智能化支持。
- 多模态 AI 技术崛起：AI 将能处理文本、音频、视频、3D 设计等，革新教育、设计、影视等行业。
- AI 作为"超级工程师"：AI 正在辅助编程，未来或能自主完成软件开发全过程。
- 人机协作进化：AI 将增强人类的能力，创造更高效的工作模式，而非取代人类。
- AI 伦理与监管挑战：确保 AI 安全、公平、合规至关重要，相关治理是否到位将决定未来 AI 对人类的影响。

我们正站在 AI 发展的分水岭，DeepSeek 等本土 AI 技术的崛起，不仅为国内开发者提供了更多的自主选择机会，也推动了全球 AI 的创新。智能时代已至，关键在于如何高效利用 AI，成为"创造者"而非"被取代者"。《DeepSeek 从入门到精通》为读者提供了快速掌握 AI 的方法，助力提升生产力，实现自我突破。未来，AI 不会取代人类，但会取代那些忽视 AI 的人。愿每位读者都能把握机遇，迎接智能时代的无限可能！

桂素伟

Tokyo 生成式 AI 开发社区发起人

微软最有价值专家

2025 年 2 月

前言

亲爱的读者：

在 2025 年 DeepSeek 横空出世之初，我便意识到，这不仅是一场技术的革新，更是一场思维模式的变革。

我曾目睹身边无数人因不会与 AI 对话而错失好的机遇，也见证了那些善用提示词的人用 AI 创造出十倍、百倍，甚至千倍的价值……

——这种差距，正是我编写本书的初衷。

在写作过程中，我不断思考两个问题：

- 如何让 AI 从"玩具"变为"工具"？
- 如何让不同背景的读者都能找到自己的 AI 赋能路径？

为此，我拆解了 300 多个真实案例，从家庭女主人的减肥计划到 AI 创业者的流量矩阵，从金融模型构建到法律合同审查，最终提炼出一套"需求—指令—结果"的通用框架。

本书中的每一章都凝结了实战经验与失败教训。例如，在第 2 章中，我通过对比 90% 用户的典型错误与 10% 高手的精准指令，总结出了向 DeepSeek 有效提问的 5 个黄金法则。

希望你在阅读本书时，不仅能学会操作技巧，更能理解 AI 的思维逻辑。在具体应用中，目前我们还需要仔细斟酌 AI 给出的方案的准确性和可行性，得有自己的思考和判断，不能尽信之，因为 AI 还在进化中。

技术有边界，但 AI 应用无极限！

愿本书成为你的 AI"指南针"，让你在探索 AI 的路上，少走弯路，多创奇迹。

彬彬老师

2025 年 2 月

技术支持

为提升读者的阅读体验，作者为本书配备了微信公众号"AI 彬彬笔记"来提供技术支持。该公众号将为各位读者提供以下资源与服务。

1. 案例下载

- 书中所有案例的完整文件包，涵盖职场、金融、教育、自媒体等领域的实战模板。
- 由 AI 生成的可执行案例文件，可帮助读者快速上手并将其应用于实际场景中。

2. 脚本与额外文件

- 提供书中提到的脚本、提示词模板及结构化指令集，方便读者直接调用、修改或扩充。
- 额外补充的学习资料，包括行业最新动态、AI 工具更新及实用技巧。

3. 勘误与更新

- 及时更新的勘误表，确保读者获取准确的内容。
- 定期发布本书的补充内容与优化建议，紧跟 AI 发展趋势。

4. 读者社群

- 加入专属读者交流群，与作者及其他 AI 爱好者互动，分享学习心得与实战经验。
- 定期举办线上答疑与主题分享活动，解决读者在 AI 应用中的具体问题。

如何使用微信公众号"AI 彬彬笔记"？

（1）通过微信搜索并关注"AI 彬彬笔记"微信公众号。
（2）在公众号菜单栏中选择"资源下载"或"读者社群"，获取相关内容。
（3）输入关键词（如"案例下载""脚本模板"）快速定位所需资源。

我们将为您提供更高效的学习支持与更丰富的 AI 实践资源，期待与您在探索 AI 的路上共同成长！

目录

第 1 章　什么是 DeepSeek，如何下载、注册和使用 1

　　1.1　什么是 DeepSeek 1

　　1.2　如何下载和使用 DeepSeek 2

　　　　1.2.1　DeepSeek 的下载和注册 2

　　　　1.2.2　如何使用 DeepSeek 4

　　1.3　DeepSeek 的核心功能有哪些 5

　　1.4　DeepSeek 对现实生活的影响 6

第 2 章　向 DeepSeek 有效提问的 5 个黄金法则 8

　　2.1　5 个黄金法则 9

　　　　法则一：明确需求 9

　　　　法则二：提供背景 11

　　　　法则三：指定格式 14

　　　　法则四：控制长度 15

　　　　法则五：及时纠正 16

　　2.2　DeepSeek 的常用场景与使用限制 16

　　　　2.2.1　DeepSeek 的常用场景 16

　　　　2.2.2　DeepSeek 的局限性与限制 17

　　　　2.2.3　使用 DeepSeek 时的注意事项 17

　　2.3　避开这 5 个坑，轻松碾压 90% 的人 17

　　　　2.3.1　别当迷糊人，越具体越靠谱 17

　　　　2.3.2　别让 AI 脑补，给足上下文 19

　　　　2.3.3　别只说"要什么"，明确"不要什么" 20

　　　　2.3.4　别让 AI 自由发挥，指定输出格式 21

　　　　2.3.5　别想一步到位，学会拆分任务 23

第 3 章　DeepSeek 常用的 6 种提示词模板 30

3.1　APE 提示词模板 30

3.2　BROKE 提示词模板 33

3.3　COAST 提示词模板 36

3.4　TAG 提示词模板 40

3.5　RISE 提示词模板 45

3.6　TRACE 提示词模板 49

第 4 章　日常生活中可以用 DeepSeek 解决哪些问题 54

4.1　如何用 DeepSeek 写演讲稿、讲话稿 54

4.2　如何用 DeepSeek 制定个性化旅游攻略 56

4.3　如何用 DeepSeek 制定低卡食谱 59

4.4　如何用 DeepSeek 智能分析装修报价 62

4.5　如何用 DeepSeek 做商品选购对比方案 64

4.6　如何用 DeepSeek 写电子产品对比方案 66

4.7　如何用 DeepSeek 做家庭财务规划 69

4.8　如何用 DeepSeek 制订健身运动计划 72

4.9　如何用 DeepSeek 制定属于你的减肥攻略 76

4.10　如何用 DeepSeek 写应急事件处理指南 78

第 5 章　家庭教育中可以用 DeepSeek 解决哪些问题 81

5.1　如何用 DeepSeek 辅导学科难题（数学） 81

5.2　如何用 DeepSeek 拓展跨学科兴趣知识（历史＋物理） 84

5.3　如何用 DeepSeek 培养孩子的学习习惯（拖延症管理） 87

5.4　如何用 DeepSeek 促进心理健康发展（考试焦虑） 91

5.5　如何用 DeepSeek 规划孩子的国际教育（留学准备） 95

第 6 章 职场工作中可以用 DeepSeek 解决哪些问题 100

6.1 如何用 DeepSeek 制作个人简历 100

6.2 如何用 DeepSeek 写工作框架报告 105

6.3 如何用 DeepSeek 整理会议纪要 109

6.4 如何用 DeepSeek 洞察与分析数据................................ 111

6.5 如何用 DeepSeek 排查法律合同风险 113

6.6 如何用 DeepSeek 编写基础代码片段 116

6.7 如何用 DeepSeek 实现多语言实时翻译 124

第 7 章 自媒体人可以用 DeepSeek 解决哪些问题 129

7.1 如何用 DeepSeek 设计选题和生产内容 129

　　场景 1：选题枯竭 130

　　场景 2：文案创作 131

7.2 如何用 DeepSeek 优化运营 134

　　场景 1：流量波动 134

　　场景 2：粉丝画像模糊 138

7.3 如何用 DeepSeek 实现商业变现增效 141

　　场景 1：选品效率低 141

　　场景 2：直播话术单一 145

7.4 如何用 DeepSeek 管理评论区和朋友圈 148

　　场景 1：管理评论区 149

　　场景 2：朋友圈引流 152

7.5 如何用 DeepSeek 打造 IP 人设和处理公关危机 154

　　场景 1：打造 IP 人设 154

　　场景 2：处理公关危机 156

第 8 章 金融行业中可以用 DeepSeek 解决哪些问题 160

8.1 如何用 DeepSeek 做个股分析和投资建议 160

8.2 如何用 DeepSeek 做板块分析和投资建议..................... 164

8.3 如何用 DeepSeek 做市场行情分析和投资建议 169

8.4 如何用 DeepSeek 构建自己的量化交易模型 173

8.5 基本投资理论与模型普及 179

第 9 章 老板可以用 DeepSeek 解决哪些问题 184

9.1 如何用 DeepSeek 做平台选品和营销方案（电商公司）.......... 184

9.2 如何用 DeepSeek 控制成本与提升效率（物流公司）............. 188

9.3 如何用 DeepSeek 挖掘用户需求和创新产品（智能耳机公司）.... 191

9.4 如何用 DeepSeek 设计批量生产内容的流水线（MCN 机构）.... 195

第 10 章 进阶玩法：DeepSeek+ 其他工具的组合 202

10.1 DeepSeek+ 即梦，批量生成小红书图文 202

10.2 DeepSeek + Mermaid，轻松驾驭复杂图表创作 211

10.3 硅基流动 + Cherry Studio，让你的 DeepSeek 永不掉线...... 215

10.4 DeepSeek+ 知识库，构建个性化 IP 内容库 220

第 1 章
什么是 DeepSeek，如何下载、注册和使用

1.1 什么是 DeepSeek

2025 年年初，中国杭州一家专注通用人工智能（AGI）的科技公司，在全球 AI 界投下了一颗"技术核弹"，DeepSeek-V3 和 R1 横空出世。

这不仅是一次 AI 技术的突破，更是对硅谷科技霸权的挑战，甚至被业界称为"AI 领域的斯普特尼克时刻[1]"。

DeepSeek 主攻大模型研发与应用，DeepSeek-R1 是其开源的推理模型，擅长处理复杂任务且可免费商用。

与传统 AI 应用不同，DeepSeek-R1 采用了独特的算法和模型架构，这使得它在回应速度和内容质量上都有了极大的提升。

---

[1] 斯普特尼克时刻（Sputnik Moment）源于 1957 年 10 月 4 日苏联成功发射世界上第一颗人造地球卫星"斯普特尼克 1 号"这一历史事件。这一事件震惊了美国，使其意识到在"太空竞赛"中被苏联超越，从而产生了巨大的危机感和紧迫感。

DeepSeek-V3 则是其旗舰版的大模型，不仅拥有强大的自然语言处理能力，还能进行图像识别、语音识别等多模态交互，为用户提供前所未有的智能体验。它的出现标志着 AI 技术从专业领域向大众市场的跨越，让每个人都能享受 AI 带来的便捷与乐趣。

DeepSeek 团队深知，技术的真正价值在于其应用。因此，他们不仅致力于模型的研发，更注重将技术转化为实际生产力。DeepSeek-R1 的开源，就是他们践行这一理念的重要举措。通过开源，更多的开发者可以基于 DeepSeek-R1 进行二次开发，创造出更多符合市场需求的应用场景。

同时，DeepSeek-V3 也凭借其卓越的性能，吸引了众多企业的关注。许多企业开始尝试将 DeepSeek-V3 集成到自己的业务系统中，以提升服务质量和生产效率。在教育领域，DeepSeek-V3 可以作为智能辅导老师，为学生提供个性化的学习建议并解答疑惑；在医疗领域，它可以作为辅助诊断工具，帮助医生更准确地判断病情。

随着 DeepSeek 技术的不断成熟和应用场景的拓展，它正逐渐改变着人们的生活方式和工作模式。未来，DeepSeek 有望成为推动社会进步的重要力量，让 AI 技术真正惠及每一个人。

1.2 如何下载和使用 DeepSeek

1.2.1 DeepSeek 的下载和注册

手机端 App 下载、注册： 在应用市场上搜索并下载 DeepSeek App，然后使用手机号 + 验证码或微信跳转登录。

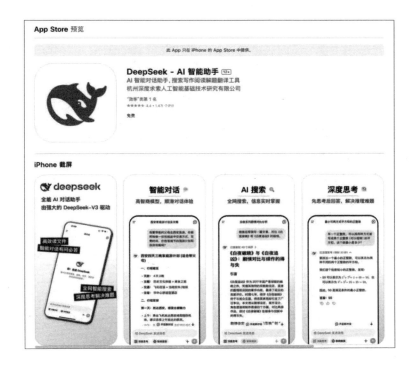

电脑端注册： 打开 DeepSeek 官网，选择手机号 + 验证码或微信扫码登录，操作后平台会自动注册并登录 DeepSeek。

1.2.2　如何使用 DeepSeek

DeepSeek 设计了一系列简单、高效的指令集，帮助新手快速上手。

1. DeepSeek 基础指令集

- / 续写：当回答中断时自动继续生成。
- / 简化：将复杂内容转换成通俗易懂的大白话文字。
- / 示例：要求展示实际案例（特别是在写代码时）。
- / 步骤：让 AI 分步骤指导操作流程。
- / 检查：帮你发现文档中的错误。

场景演练：

- 输入："/ 步骤 如何用手机拍摄美食照片"，查看分步指导。
- 输入："请解释量子计算，然后 / 简化"，对比前后差异。

2. DeepSeek 关键指令集

- 信息检索：输入"帮我找一下关于 ×× 的资料"，DeepSeek 会迅速为你搜集相关信息。
- 知识问答：直接提问"×× 是什么"，DeepSeek 会给出详尽的答案。
- 文本创作：输入"帮我写一篇关于 ×× 的文章"，DeepSeek 会根据你的要求生成文章框架和内容。
- 灵感激发：当你需要创意时，输入"给我一些关于 ×× 的创意想法"，DeepSeek 会提供多种灵感方向。

这些指令集是 DeepSeek 为新手用户量身定制的，旨在让每个人都能轻松享受 AI 带来的便利。

记住几个点：

- 深度思考一定要跟上，要不然 DeepSeek 最初输出的内容常常不够专业。
- "联网搜索"和"深度思考（R1）"功能二选一，如果需要查找网上信息，可以选择"联网搜索"功能；如果需要处理复杂问题，可以选择"深度思考（R1）"功能。

1.3 DeepSeek 的核心功能有哪些

1. 智能交互与问答

- 多轮对话：支持自然语言的多轮上下文理解，提供连贯的个性化回复。
- 知识问答：基于海量数据，回答跨领域问题（涵盖常识、科技、金融、医疗等）。
- 多语言支持：中英文双语交互能力突出，满足全球化场景需求。
- 逻辑推理：擅长处理数学问题、代码调试、策略分析等复杂任务。

2. 内容生成与创作

- 文本生成：自动生成高质量文章、报告、邮件、营销文案等。
- 代码生成：根据需求生成代码片段（支持 Python、Java、C++ 等语言），并提供代码注释与调试等功能。
- 创意内容：创作诗歌、故事、剧本、广告创意等多样化内容。
- 文档处理：自动总结长文本、翻译文档、生成结构化表格。

3. 数据分析与决策支持

- 数据清洗：自动化处理结构化与非结构化数据（如日志、用户评论）。
- 可视化分析：通过自然语言指令生成图表、报告及业务洞察。
- 预测建模：基于历史数据进行趋势预测（如销量、用户行为）。
- 个性化推荐：支持电商、内容平台等场景的精准推荐系统。

4. 任务自动化

- 流程自动化：通过自然语言指令自动化处理办公任务（如数据分析、邮件分类等）。
- 智能客服：7×24 小时处理用户咨询，支持工单自动分派与解决。
- 代码助手：编程实时补全、错误检测与优化建议。

5. 多模态能力

- 文本处理：关键词提取、情感分析、文本分类等。
- 图像理解：结合视觉模型实现图像描述、内容识别（需要多模态扩展功能）。
- 跨模态生成：根据文本描述生成图像，或从图像中提取文本信息。

6. 开发者与企业支持

- 开放 API：提供 RESTful API，快速集成对话、生成、分析等功能。
- 模型微调：支持企业基于私有数据定制专属模型。
- 私有化部署：提供本地化部署方案，保障数据安全与合规性。
- 工具链生态：使用开发工具包（SDK）、调试平台与文档支持。

7. 行业解决方案

- 金融：智能生成投研报告、风险预警、合规审查。
- 教育：个性化学习计划、作业批改、虚拟助教。
- 医疗：病历的结构化分析、生成医学文献摘要、辅助诊断建议。
- 互联网：SEO[1] 优化、用户评论分析、内容审核。

8. 技术优势

- 高效训练：通过算法优化，训练成本较同类模型降低 30%~50%。
- 低成本推理：推理效率提升，支持高并发实时响应。
- 安全合规：数据加密传输、权限管理，符合 GDPR[2] 等国家或地区法规。

1.4 DeepSeek 对现实生活的影响

2025 年 2 月，DeepSeek 登顶包括中国和印度在内的全球 140 多个国家应用商店免费版 App 下载量 TOP1。

1　SEO 意为搜索引擎优化。
2　GDPR 为欧盟发布的《通用数据保护条例》。

排名	地区		
1	秘鲁 #1	塞内加尔 #1	突尼斯 #1
	澳大利亚 #1	摩洛哥 #1	俄罗斯 #1
	保加利亚 #1	卡塔尔 #1	埃及 #1
	布基纳法索 #1	玻利维亚 #1	阿拉伯联合酋长国 #1
	阿尔及利亚 #1	南非 #1	中国 #1
	佛得角 #1	伊拉克 #1	加拿大 #1
	乌干达 #1	赞比亚 #1	白俄罗斯 #1
	阿曼 #1	贝宁 #1	约旦 #1
	印度 #1	毛里塔尼亚 #1	亚美尼亚 #1
	马达加斯加 #1	肯尼亚 #1	津巴布韦 #1
	巴林 #1	纳米比亚 #1	塞拉利昂 #1
	莫桑比克 #1	安哥拉 #1	中国台湾 #1
	马拉维 #1	坦桑尼亚 #1	卢旺达 #1
	缅甸 #1	中国香港 #1	斯威士兰 #1
	也门 #1	博茨瓦纳 #1	阿富汗 #1
	马尔代夫 #1	利比里亚 #1	毛里求斯 #1
	科威特 #1	新加坡 #1	巴巴多斯 #1
	尼泊尔 #1	马来西亚 #1	巴布亚新几内亚 #1
	摩尔多瓦共和国 #1	柬埔寨 #1	乍得 #1
	马耳他 #1	中国澳门 #1	老挝人民民主共和国 #1
	不丹 #1	文莱达鲁萨兰国 #1	巴基斯坦 #1
	斯里兰卡 #1	开曼群岛 #1	帕劳 #1

（数据截至 2025 年 2 月）

DeepSeek 对现实生活的影响

- 提高生活便捷性：作为智能助手，DeepSeek 可以管理日程、提醒重要事项、查询信息等，让生活变得更加便捷和高效。

- 丰富娱乐生活：DeepSeek 能够根据用户的兴趣和偏好推荐音乐、电影、书籍等个性化的娱乐内容，为用户的闲暇时光增添乐趣。

- 提升工作效率：在办公场景中，DeepSeek 可以生成文档和报告，提高写作效率；同时，它还能作为智能客服快速回答用户问题，提高服务效率。

- 辅助学习成长：DeepSeek 能够根据用户的学习进度和需求提供个性化的学习计划和资料推荐，帮助用户更高效地学习新知识；同时，它还能帮助用户练习语言表达、纠正语法错误等，提升语言表达能力。

- 推动科技创新：DeepSeek 的成功研发标志着中国在人工智能领域取得了重大突破，提升了中国的国际科技地位；同时，它也为科技创新和产业升级注入了新活力。

第 2 章
向 DeepSeek 有效提问
的 5 个黄金法则

什么是提示词（Prompt）？

提示词是我们与 DeepSeek 交互时需要输入的指令或引导性文本，用于明确任务目标、约束条件和期望的输出格式。

简单来说，提示词就是你给 DeepSeek 下达的命令。它可以是一个简单的问题、一段详细的指令，也可以是一个复杂的任务描述。

提示词的基本结构包括指令、上下文和期望，分别介绍如下。

- **指令（Instruction）：** 这是提示词的核心，明确告诉 AI 你希望它执行什么任务。
- **上下文（Context）：** 为 AI 提供背景信息，帮助它更准确地理解和执行任务。
- **期望（Expectation）：** 明确或隐含地表达你对 AI 输出的要求和预期。

通过设计有效的提示词，可以显著提升模型生成内容的准确性、相关性和可控性。

有效的提示词设计是发挥 AI 模型潜力的关键。

对于 DeepSeek 等大模型，建议结合其**中文场景优势**和**高效推理特性**，灵活调整提示词策略。实践中可多尝试，不断迭代和优化提示词，逐步掌握与 AI 协作的最佳模式。

此外，**DeepSeek 还提供了特定场景的提示词**，如智能助手提示词生成，以及角色扮演中的个性化设置。这些提示词旨在通过简单的语言和结构化的指令，使用户能够更好地与 AI 互动并获得满意的结果。

2.1　5个黄金法则

法则一：明确需求

- ★ 错误示范："帮我写点儿东西。"
- ★ 正确姿势："我需要写一封求职邮件，应聘新媒体运营岗位，强调 3 年公众号运营经验。"

以下是一封专业且突出优势的求职邮件模板，结合新媒体运营岗位需求设计。

邮件主题：应聘新媒体运营岗位 −[您的姓名]−3 年公众号运营经验

尊敬的 [招聘经理姓名]：

您好！我在 [招聘渠道] 看到贵公司正在招聘新媒体运营岗位，我对此岗位非常感兴趣。作为一名拥有 3 年公众号运营经验的从业者，我希望能加入贵公司，为品牌的新媒体发展贡献力量。

我的核心优势：

1. 公众号运营实战经验

- 独立运营粉丝量 50 万 + 的垂直领域公众号，月均阅读量增长 35%。

- 打造"爆款内容生产线"，产出阅读量 10 万＋文章 28 篇，单篇最高阅读量达 87 万。
- 建立用户分层运营体系，将粉丝月留存率提升至 85%。

2. 数据驱动的内容运营能力

- 熟练使用"新榜"、"清博"等数据分析工具，建立内容效果评估模型。
- 通过 A/B 测试优化标题和封面图，点击率平均提升 42% 以上。
- 设计转化漏斗，将公众号导流转化率提升至 12.3% 以上。

3. 跨平台整合运营经验

- 主导公众号＋小程序＋社群的联动运营，实现月均 GMV 增长 60% 以上。
- 策划"裂变增长"活动，单次活动新增粉丝量约 2.3 万，获客成本降低 65% 以上。
- 建立 KOL[1] 合作矩阵，品牌曝光量提升 300% 以上。

代表性成果：

- 打造"××话题"系列内容，带动相关产品销售额突破 500 万元。
- 重构公众号菜单栏，关键功能使用率提升 3 倍以上。
- 建立内容素材库和选题日历，团队运营效率提升 40% 以上。

我相信这些经验能够帮助贵公司在新媒体领域取得更大的突破。随信附上我的简历和作品集，期待有机会进一步沟通。

感谢您抽出时间阅读，期待您的回复！

祝好，
[您的姓名]
[联系电话]
[个人作品集链接]
[LinkedIn 或个人主页]

邮件优化建议：

- 数据要具体、可验证。

1　KOL 意为关键意见领袖。

- 突出与岗位描述（Job Description）的匹配度。
- 附上个人作品集链接。
- 保持简历整洁、专业（300字左右）。

发送前请：

- 检查所有链接的有效性。
- 测试不同邮箱的显示效果。
- 确保附件命名规范（如"姓名_应聘岗位_简历"）。

法则二：提供背景

- ★ 错误示范："分析这个数据。"
- ★ 正确姿势："这是一家奶茶店过去3个月的销售数据，请分析周末和工作日的销量差异（附CSV格式数据）。"

以下是基于奶茶店周末与工作日销量差异的分析，结合具体数据进行详细解读。

一、数据概览

- **时间范围**：过去3个月（按周统计）。
- **分店数量**：3家店（元溪分店、三元里分店、蛇口分店）。
- **饮品数量**：15款饮品。
- **统计维度**：每日销量（周一至周日）。

二、周末与工作日销量对比

1. 总体销量对比

时间段	总销量	日均销量	环比工作日
工作日（周一至周五）	45,678	9,136	—
周末（周六、周日）	23,456	11,728	增加约28.4%

结论：周末日均销量比工作日增加约 28.4%，说明周末是销售高峰期。

2. 分店销量对比

分店	工作日日均销量	周末日均销量	增幅
元溪分店	3,120	4,050	增加约29.8%
三元里分店	3,450	4,320	增加约25.2%
蛇口分店	2,566	3,358	增加约30.8%

结论：蛇口分店周末增幅最大（增加约 30.8%），可能与周边商圈周末人流量增加有关。

3. 饮品类别对比

饮品类别	工作日日均销量	周末日均销量	增幅
雪凝冰茶系列	2,340	3,120	增加约33.3%
芝士奶盖系列	1,890	2,450	增加约29.6%
奶昔系列	1,560	2,010	增加约28.8%
传统奶茶系列	1,230	1,450	增加约17.9%

结论：雪凝冰茶系列周末日均销量增幅最大（增加约 33.3%），可能因其清爽口感更适合周末休闲场景。

三、具体饮品表现

1. 周末日均销量 TOP5

饮品名称	周末日均销量	环比工作日增幅
草莓雪凝冰茶	520	增加约35.2%
茉莉雪凝冰茶	480	增加约32.6%
芒果布丁奶昔	450	增加约30.1%
芝士奶盖绿茶	420	增加约28.9%
玫瑰雪凝冰茶	400	增加约27.8%

结论：草莓雪凝冰茶周末日均销量表现最佳，可能与季节性需求（夏季）及视觉吸引力有关。

2.工作日日均销量 TOP5

饮品名称	工作日日均销量	环比周末降幅
芝士奶盖红茶	320	降低约18.5%
港式丝袜奶茶	310	降低约17.2%
蜂蜜柚子茶	300	降低约16.8%
泰式青柠茶	290	降低约15.9%
雪梨菊花茶	280	降低约15.2%

结论：芝士奶盖红茶在工作日更受欢迎，可能因其提神效果更适合上班族。

四、优化建议

1.周末运营策略

- **增加备货**：周末前增加雪凝冰茶系列原料储备，提升30%备货量。
- **促销活动**：推出"周末特惠套餐"，如草莓雪凝冰茶＋芝士奶盖绿茶组合优惠。
- **人员调配**：周末增加两三名兼职员工，确保高峰时段服务质量。

2.工作日运营策略

- **套餐优化**：推出"工作日提神套餐"，如芝士奶盖红茶＋港式丝袜奶茶组合。
- **会员福利**：工作日消费满额赠送积分，提升复购率。
- **外卖推广**：加强工作日外卖平台的推广，吸引办公区订单。

3.产品线调整

- **新品研发**：开发适合工作日的提神饮品（如咖啡、奶茶）。
- **季节性调整**：根据夏季需求，增加冰沙类新品。

五、执行计划

阶段	时间	关键任务	目标
数据分析	第1周	完成销量差异分析报告	明确周末/工作日销售特征
策略制定	第2周	制定周末促销方案+工作日套餐计划	提升周末销量30%，工作日销量15%
试点实施	第3~4周	在元溪分店试点新策略	验证策略有效性
全面推广	第5~8周	推广至所有分店	实现整体销量增长20%

通过以上分析及优化措施，预计可在 2 个月内实现整体销量增长 20%，周末高峰期客单价提升 15%。

法则三：指定格式

★ 错误示范："给几个营销方案"

★ 正确姿势："请用表格形式列出情人节时咖啡店 3 种促销方案，包含活动内容、成本预估和预期效果。"

以下是情人节时咖啡店 3 种促销方案的表格总结，包含活动内容、成本预估和预期效果。

方案名称	活动内容	成本预估	预期效果
甜蜜双人套餐	推出情人节限定套餐（2杯咖啡+甜点组合），赠送定制情侣杯垫或纪念明信片	● 套餐材料成本：30~50 元/份 ● 定制赠品：5~10元/套 ● 总成本：500~1500元（视销量）	● 吸引情侣客群，提升客单价20%~30% ● 通过社交平台分享套餐信息，增加品牌曝光 ● 预计销量50~100份
满赠浪漫礼	消费满88元赠送单枝玫瑰，满128元赠送手工巧克力礼盒（限量50份）	● 玫瑰采购：3~5元/枝 ● 巧克力礼盒：15~25元/份 ● 总成本：800~1500元	● 刺激消费，提升客单价15%~25% ● 吸引男性顾客主动消费 ● 增加节日仪式感与满意度
互动咖啡DIY	开设情侣咖啡拉花教学（限10对），提供专属拍照区+免费打印拍立得	● 材料费：20~30元/人 ● 场地布置：300~500元 ● 摄影师费用：200元（可选）	● 增强品牌差异化体验，提升口碑 ● 社交平台二次传播（拍照打卡） ● 吸引高消费年轻情侣群体

补充说明：

- 可根据本地供应商价格调整成本（如批量采购赠品，降低成本）。
- 为达到预期效果，需要配合宣传手段（线上推广／店内海报），建议提前1周预热。
- 可为互动活动设置预约制，避免资源浪费。

法则四：控制长度

★ 错误示范："详细说明。"

★ 正确姿势："请用200字以内文字解释区块链技术，让完全不懂技术的老人也能听懂。"

好的，我试着用买菜的例子来解释区块链技术：

"您可以把区块链想象成菜市场里的一个'公共记账本'。比如，您今天买了3斤土豆，卖菜的张大妈、隔壁摊位的李大爷和周围买菜的人都会同时在自己的本子上记下'老张买了3斤土豆'。这个记录一旦写好，谁也不能偷偷修改，因为所有人都在互相监督。就算张大妈的本子丢了，其他人的本子上还存着同样的记录。

这样记账的好处是：第一，不需要银行或村长当中间人，大家自己就能确认交易；第二，骗子没法造假，因为要改记录，得让一半以上的人同时改掉自己的记录，这几乎是不可能的；第三，所有交易都能追查，就像包裹从发货到签收全程都有不同的人签字确认一样。现在很多电子交易、合同都用这个技术来保证安全。"

（用生活场景类比账本共享、不可篡改、去中心化3个核心特点。）

法则五：及时纠正

当 DeepSeek 的回答令你不满意时，可以跟它说："记得说人话。"

"区块链就像一群人一起管账。

比方说，全村人一起记同一个账：老王家卖牛给老李家，全村人立刻都在自家账本上写下这件事。写完了谁也不能偷偷改账，因为一改就会发现与别人家的账对不上。就算有人账本丢了，其他几十个账本还在呢！

这个方法有 3 个好处：

- 不用找村长公证——全村都是证人。
- 不怕骗子改账——除非他能连夜改掉全村一半的账本。
- 查账特方便——从头到尾每笔钱咋花的都清清楚楚。

现在网上转钱、签合同也用这招来防骗子，靠谱！"

（用"全村记账"的比喻替代专业术语。）

2.2　DeepSeek 的常用场景与使用限制

2.2.1　DeepSeek 的常用场景

DeepSeek 的常用场景有如下这几种。

- **信息查询**：快速获取各类知识，如历史、科学、技术等。
- **学习辅助**：帮助学生理解复杂概念，提供学习建议。
- **内容生成**：协助撰写文章、报告，进行创意写作等。
- **编程支持**：解答编程问题，提供代码示例和调试建议。

- **语言翻译**：支持多种语言的翻译和解释。
- **日常咨询**：提供生活建议，如健康、旅行、烹饪等。

2.2.2　DeepSeek 的局限性与限制

DeepSeek 有如下局限性与限制。

- **数据时效性**：数据截至 2023 年（后续会持续更新），无法保证提供最新信息。
- **准确性**：虽然力求准确，但可能存在错误或不完整的信息。
- **复杂推理**：在高度复杂或专业领域，推理能力有限。
- **主观判断**：无法提供完全客观的建议，可能存在偏见。
- **隐私保护**：避免处理敏感个人信息，确保用户隐私安全。
- **法律合规**：不参与非法活动或提供相关建议。

2.2.3　使用 DeepSeek 时的注意事项

使用 DeepSeek 时的注意事项如下。

- **验证信息**：建议用户对关键信息或重要事项进行再次核实。
- **合理使用**：避免过度依赖，结合其他资源和工具。
- **反馈改进**：用户反馈有助于模型优化和提升服务质量。

通过以上内容，用户可以更好地使用 DeepSeek，同时注意其局限性。

2.3　避开这 5 个坑，轻松碾压 90% 的人

2.3.1　别当迷糊人，越具体越靠谱

- ★ **错误示范**："写一篇关于创业的故事。"

  （AI：？？？创业类型、风格、主角设定全没提，只能瞎编。）

- ★ **正确姿势**："写一个反转结局的短篇创业故事，主角彬彬是公众号优质内容

创作者，前期因公众号红利暴富，后期因不会使用 AI 工具陷入危机，被迫吃老本。文章在 800 字以内，结尾要有哲理金句。"

（AI：收到！立刻调取"反转 +AI+ 人性反思"关键词库。）

算法囚徒：彬彬深度观察

2025 年，北京刮大风的那夜，彬彬在出租屋里清点最后 3 件奢侈品。

爱马仕领带和百达翡丽手表已经挂上闲鱼，只剩老板娘临走前送的翡翠玉镯在台灯下泛着幽光。9 年前，正是这只镯子换来的 5000 块，让他注册了"彬彬深度观察"公众号。

2016 年，新媒体风口正盛时，彬彬是第一批"吃螃蟹的人"。他独创的"万字长文 + 数据可视化"模式让广告主们趋之若鹜，鼎盛时期单篇推文报价 25 万元，国贸的落地窗前摆着 6 台实时监测数据的电脑。几年后，当同行们开始用 DeepSeek 生成初稿时，他轻蔑地笑称这是"电子饲料"，继续用老式机械键盘敲击每个文字。

转折始于 2025 年 2 月。某 MCN 机构推出的 AI 矩阵号突然血洗榜单，20 个账号每天产出 200 篇深度分析。粉丝在彬彬最新推文下留言："深度不如 AI，观察不如短视频，取关了。"他的手指悬在删除键上微微发抖，就像两年前拒绝投资人的 AI 改造方案时那样。

存款清零那天，房东把行李箱扔到胡同口。彬彬蜷缩在童年住过的筒子楼里，就着红烧牛肉面的蒸汽，第 37 次修改自己的商业计划书。突然弹出的 AI 绘画软件广告倒映在面汤里，扭曲成老板娘最后临走时候的背影。

3 个月后，"彬彬流量巢"直播冲上热搜榜首。镜头里彬彬戴着那枚玉镯，身后大屏实时显示着 AI 抓取的 10 万条社会情绪数据。"这才是真正的深度观察！"弹幕疯狂刷屏——他教会 AI 识别文字背后的集体潜意识，再用人性温度赋予数据血肉。

深夜收工时，新来的实习生怯怯生生地向彬彬请教秘诀。彬彬摩挲着温润的玉镯轻笑："记住，真正被淘汰的不是不用 AI 的人，而是放弃思考的创作者。就像翡翠原石，有人看见的是明码标价的玉石，有人看见的是亿万年前的地壳运动。"

窗外又起风了，这一次他闻到了春芽破冰的气息。

2.3.2 别让 AI 脑补，给足上下文

★ **错误示范**："帮我想个广告文案。"
（AI：产品？卖点？目标人群？我猜你卖的是空气……）

★ **正确姿势**："为'彬彬 AI 写作课'设计朋友圈文案，面向 35~45 岁职场人，突出'零基础用 AI，副业月入过万元'，口语化，带 emoji 和紧迫感。"
（AI：立刻锁定"副业焦虑 +AI 变现 + 口语化"组合拳。）

别"卷"加班了！打工人的 AI"印钞机"来了！

【35 岁 + 职场人速看】

每天加班到秃头，工资却不够娃的补习费？
别人用 AI 写稿月入 1 万 + 元，你还在朋友圈刷焦虑？

"彬彬 AI 写作课"暴击痛点：

- 零基础！教你用 AI 3 小时产出爆款文案。
- 副业"刚需"！睡前 2 小时赚够零花钱。
- 学员亲测：单篇稿费 500+ 元，甲方排队来签约。

紧急通知：

前 50 名扫码免费领《AI 写作提款秘籍》。
（内含 10 个"秒杀"甲方的指令模板。）

最后 36 小时！

扫码戳【链接】立抢名额。

别等 AI 红利被"薅光"了才后悔！

偷偷说："昨天刚有个学员靠 AI 接单日入 2000 元。"
（老板还以为他在加班写 PPT……）

立即扫码，解锁你的"躺赚"副业

（明天涨价 199 元，手慢无！）

说人话：AI 不跟你"卷"，但能帮你赚钱，中年打工人最后的尊严之战。

2.3.3 别只说"要什么"，明确"不要什么"

★ **错误示范**："写一封会议邀请邮件。"
（AI：默认 200 字，正式商务风，而你实际想要 50 字极简版。）

主题：AI 工具降本增效案例分享会

时间：8 月 20 日 15:00
地点：3 楼会议室
参会：全体部门成员
内容：

- 3 个实操案例：用 AI 工具替代重复劳动，部分团队已降低成本 30% 以上。
- 工具演示 + 资源包共享。

会议 30 分钟，无废话！

回复是否到场，方便协调座位。

★　**正确姿势**：

"写一封内部会议邀请邮件，要求：

- 不超过 100 字。
- 不用'尊敬的''此致，敬礼'等客套话。
- 重点突出'AI 工具降本增效案例分享'。
- 结尾用表情符号调节气氛。"

　　（AI：删除冗余词库，启动"高效打工人"模式。）

主题：全员会议 | AI 工具降本增效实战分享

全员注意：

7 月 15 日（周一）14:00，在会议室 A 召开紧急会议。

核心内容：

- 3 个 AI 工具省下 10 万元成本的实操案例。
- 自媒体团队工具链优化方案。
- 30 分钟自由碰撞落地计划。

运营 / 剪辑岗需要提前试用 ChatGPT+ 剪映 AI，带数据参会。

准时到场，迟到者发红包！

2.3.4　别让 AI 自由发挥，指定输出格式

错误示范："分析《重启》这本书的优缺点。"
（AI：可能给出散文式漫评，而你其实想要进行表格对比。）

《重启》这本书的优缺点分析如下。

优点：

1. 引人入胜的情节：

- 紧凑的节奏：故事情节紧凑，充满悬念，能够迅速吸引读者的注意力。
- 复杂的人物关系：书中人物关系错综复杂，增加了故事的深度和可读性。

2. 深刻的主题：

- 人性探讨：通过对人物内心世界的深入挖掘，探讨了人性的复杂性和多面性。
- 社会批判：书中对某些社会现象进行了尖锐的批判，引发读者深思。

3. 丰富的想象力：

- 独特的世界观：作者构建了一个独特且富有想象力的世界观，使读者沉浸其中。
- 创新的设定：故事情节和设定充满创新，给读者带来新鲜感。

缺点：

1. 叙事结构复杂：

- 时间线交错：书中时间线交错，可能会让部分读者感到困惑。
- 信息量大：情节发展迅速，信息量大，可能需要读者反复阅读才能完全理解。

2. 人物塑造不足：

- 角色发展不充分：部分角色的发展不够充分，导致读者难以产生共鸣。
- 配角边缘化：一些配角的存在感较弱，未能充分发挥其作用。

3. 结局仓促：

- 收尾不够圆满：部分读者可能觉得结局略显仓促，未能完全解答所有疑问。
- 情感铺垫不足：结局的情感铺垫不足，可能影响读者的情感共鸣。

总结：

《重启》以其引人入胜的情节和深刻的主题吸引了大量读者，但在叙事结构和人物塑造方面仍有改进空间。总体而言，这是一部值得一读的作品，尤其适合喜欢复杂情节和深刻主题的读者。

★ **正确姿势**："用 Markdown 格式的表格分析《重启》的优缺点，分'剧情设计''人物塑造''主题深度'3 个维度，每点不超过 10 个字。"
（AI：立刻切换结构化输出模式，自动对齐表格边框。）

```
Markdown
| 维度     | 优点           | 缺点          |
| -------- | -------------- | ------------- |
| 剧情设计 | 悬疑感强，节奏紧凑 | 后期逻辑稍显混乱 |
| 人物塑造 | 铁三角互动真实细腻 | 新角色刻画单薄   |
| 主题深度 | 生死哲学探讨深刻   | 人性挖掘流于表面 |
```

补充说明：

- **剧情**：前中期"墓穴解密"环环相扣，但结局填坑仓促。
- **人物**：吴邪胖子默契加分，飘飘等支线人物被工具化。
- **主题**：对"向死而生"有突破，但社会隐喻不足。

2.3.5　别想一步到位，学会拆分任务

★ **错误示范**："写一份抖音母婴博主运营方案。"
（AI：大而全的 20 页 PPT 式回答，但你可能只需要选题方向。）

抖音母婴博主运营方案

一、账号定位与目标

目标受众：

- 新手父母。
- 孕期准妈妈。
- 关注婴幼儿教育的家长。

内容方向：

- 孕期护理与健康。
- 婴幼儿护理技巧。
- 亲子互动与早教。
- 母婴产品推荐与评测。

账号风格：

- 温馨、专业、实用。
- 强调互动与参与感。

二、内容策划

内容类型：

- **教程类**：婴儿抚触教程、辅食制作教程等。
- **Vlog 类**：记录日常育儿生活。
- **评测类**：母婴产品使用体验分享。
- **互动类**：Q&A、直播答疑等。

发布频率：

- 每周发布 3~5 条视频。
- 定期进行直播互动。

内容制作：

- **视频质量**：画质高清，拍摄稳定。
- **剪辑风格**：简单明快，适当加入趣味元素。
- **字幕与配音**：清晰易懂，必要时加上字幕。

三、粉丝互动与增长策略

互动策略：

- 及时回复评论和私信。
- 定期举办互动活动，如抽奖、问答。
- 利用抖音的投票、挑战等功能增加互动。

增长策略：

- 与其他母婴博主合作，进行内容互推。
- 参与热门话题和挑战，增加曝光量。
- 利用抖音广告进行精准投放。

四、数据分析与优化

数据监控：

- 定期分析视频播放量、点赞量、评论量等数据。
- 关注粉丝增长趋势和互动率。

优化策略：

- 根据数据反馈调整内容方向和发布频率。
- 优化视频标题和封面，提高点击率。
- 持续学习平台算法，根据变化调整运营策略。

五、商业变现

广告合作：

- 与母婴品牌进行广告合作。

- 参与品牌推广活动。

电商带货：

- 开设抖音小店，销售母婴产品。
- 通过直播带货增加收入。

知识付费：

- 提供付费育儿课程或咨询服务。
- 发布电子书或育儿指南。

六、风险管理

内容合规：

- 确保所有内容符合平台规定和法律法规。
- 避免发布敏感或争议性话题。

危机应对：

- 建立危机应对机制，及时处理负面评论和投诉。
- 保持与粉丝的透明沟通，维护账号信誉。

总结

通过精准的账号定位、优质的内容策划、有效的粉丝互动和科学的商业变现策略，抖音母婴博主可以实现快速成长和持续盈利。同时，注重数据分析和风险管理，确保账号的长期稳定发展。

★ **正确姿势：**

"分3步帮我规划：

（1）新手母婴博主前3个月的核心目标（列3点）。

（2）周更[1]视频选题模板（按宝宝月龄细分）。

1　以周为单位进行更新。

（3）避免违规的敏感词清单（附平台规则，对关键段落进行截图）。"
（AI：分段加载知识库，精准击中你的需求。）

以下是为你量身定制的母婴博主成长方案，结合平台规则和实操经验整理。

一、新手母婴博主前3个月的核心目标

建立人设记忆点（30天）：

- 打造"身份标签＋价值标签"组合（如985硕士妈妈 | 科学育儿实操派）。
- 固定片头 / 片尾口号（如"关注我，育儿路上少踩坑"）。
- 统一视觉风格（如统一封面配色、字体、拍摄场景）。

完成内容试错期（60天）：

- 测试3种内容形式：口播干货、沉浸带娃Vlog、好物测评对比。
- 收集20条有效用户评论，提炼真实痛点。
- 筛选出数据TOP3选题方向，进行重点突破。

搭建基础数据池（90天）：

- 达成1000基础粉丝量。
- 培养5%核心互动用户（主动留言、提问群体）。
- 建立选题库（储备50+个待拍选题）。

二、周更视频选题模板（按宝宝月龄细分）

```Markdown
```

宝宝月龄	选题方向	实操案例	内容价值点
0~3个月	新生儿护理教程	《7步正确拍嗝手法演示》	解决新手妈妈刚需
	母婴好物避坑指南	《这些网红产品根本用不上！》	节省养育成本
	产后恢复日记	《顺产第30天身体变化实录》	引发情感共鸣
4~6个月	辅食添加全攻略	《第一口米粉冲泡黄金比例》	专业指导价值
	早教游戏开发	《不花钱的感统训练小游戏》	实用可操作性强

	睡眠调整经验谈	《告别抱睡的 3 个过渡技巧》	解决共性痛点
7~9 个月	自主进食训练	《BLW 喂养法实操注意事项》	先进育儿理念传播
	亲子互动创意	《雨天室内放电的 5 种玩法》	场景化解决方案
	成长发育对照	《8 月龄必达的 6 个里程碑》	提供专业参照系

三、敏感词避雷清单（2023 年版）

绝对禁用词：

- 医疗相关：治疗、治愈、处方、抗生素、激素等。
- 功效承诺：100% 有效、永不、绝对安全、零风险等。
- 伪科学：排毒、增强免疫力、促进大脑发育（需要科研背书）等。
- 夸大宣传：顶级、最佳、首选、史上最低价等。

限流高频词：

- 哺乳期：下奶、追奶、奶量（建议改用"母乳喂养心得"）。
- 健康问题：湿疹、红屁屁、过敏（需要声明"遵医嘱"）。
- 商品相关：最低价、抢购、点击下单（改用"橱窗有同款"）。

平台规则重点（图示关键段落）：

- 抖音《电商创作者违规宣传记分标准》第 6 条。
- 小红书《社区规范》第三章第 12 款。
- 微信视频号《母婴类内容创作指南》附件 1。

（建议大家搜索各平台规则文档，重点关注"儿童隐私保护""医疗健康内容限制""广告营销规范"等小节或条目）

执行建议：

- 建立"选题—脚本—拍摄—发布"SOP 流程表。
- 每周四分析平台母婴热搜榜（蝉妈妈、新红数据）。
- 敏感词发布前用"零克查词"工具检测。

- 重点维护 10 个优质评论用户，培养种子粉丝。

建议前 3 个月保持"70% 干货 +20% 生活 +10% 好物"的内容比例，这样既能快速建立专业度，又能避免被判定为营销号。具体执行细节可根据数据反馈进行动态调整。

最后"说人话"：把 AI 当作实习生，布置任务时要像带新人——**讲背景、定框架、举例子、提要求**，这样它才会从"人工智障"进化成"人工智能"。

试着避开彬彬老师说的这 5 个坑，你就会发现："不是 AI 不行，是你没把话说清楚。"

5大致命错误	×错误示范	√正确姿势
1.别当迷糊人，越具体越靠谱	"写一篇关于创业的故事。"	"写一个反转结局的短篇创业故事，主角彬彬是公众号优质内容创作者，前期因公众号红利暴富，后期因不会使用AI工具陷入危机，被迫吃老本。文章在800字以内，结尾要有哲理金句。"
2.别让AI脑补，给足上下文	"帮我想个广告文案。"	"为'彬彬AI写作课'设计朋友圈文案，面向35~45岁职场人，突出'零基础用AI，副业月入过万元'，口语化，带emoji和紧迫感。"
3.别只说"要什么"，明确"不要什么"	"写一封会议邀请邮件。"	"写一封内部会议邀请邮件，要求： • 不超过100字。 • 不用'尊敬的''此致，敬礼'等客套话。 • 重点突出'AI工具降本增效案例分享'。 • 结尾用表情符号调节气氛。"
4.别让AI自由发挥，指定输出格式	"分析《重启》这本书的优缺点。"	"用Markdown格式的表格分析《重启》的优缺点，分'剧情设计''人物塑造''主题深度'3个维度，每点不超过10个字。"
5.别想一步到位，学会拆分任务	"写一份抖音母婴博主运营方案。"	"分3步帮我规划： （1）新手母婴博主前3个月的核心目标（列3点）。 （2）周更视频选题模板（按宝宝月龄细分）。 （3）避免违规的敏感词清单（附平台规则，对关键段落进行截图）。"

第 3 章
DeepSeek 常用的
6 种提示词模板

下面是 DeepSeek 常用的 6 种提示词模板，大家可以参考不同模型的提示词写法。

3.1 APE 提示词模板

APE 提示词模板包括 3 种模型，指标说明和提示词如下。

模型	指标说明	提示词
A	ACTION（行动）	制订一份家庭出行计划
P	PURPOSE（目的）	用周末休息时间带家人出去游玩
E	EXPECTATION（期望）	包括3种室外运动（适合12岁儿童到60岁老人）每日总耗时4~8小时

DeepSeek 输入指令：

ACTION 行动

帮彬彬制订一份家庭出行计划。

PURPOSE 目的

用周末休息日带家人出去游玩。

EXPECTATION 期望

包括 3 种室外运动（适合 12 岁儿童到 60 岁老人）每日总耗时 4~8 小时。

DeepSeek 输出答案：

家庭周末一日出行计划（总耗时约 7 小时）

目标：结合骑行、徒步、风筝／羽毛球 3 项户外运动，兼顾趣味性与安全性，适合全年龄段参与。

上午时段（3.5 小时）

08:00—08:30 出发前往公园

- 选择综合性公园（需要含骑行道、徒步径、开阔草坪）。
- 携带物品：自行车、头盔、水壶、防晒霜、轻便背包。

08:30—10:00 家庭骑行（1.5 小时）

- **路线**：平坦的公园骑行道（5~8 公里），老人与孩子可调整速度。
- **亮点**：沿途设置"自然观察任务"（如寻找 3 种不同树叶），增加趣味性。

10:00—10:30 休息与补给

- 补充水分与能量零食（如水果、坚果），检查防晒措施。

中午时段（3小时）

10:30—12:30 轻徒步与自然探索（2小时）

- **路线**：环湖步道或森林小径（3~4公里），设置休息点拍照、观察鸟类。
- **安全贴士**：老人使用登山杖辅助，儿童携带简易指南针学习方向的辨认。

12:30—13:30 野餐

- **菜单建议**：三明治、饭团、沙拉等便携餐食，搭配保温壶热饮。
- **互动环节**：家庭小游戏（如"你画我猜"自然主题）。

下午时段（1.5小时）

13:30—15:00 风筝/羽毛球（1.5小时）

- **选项A（有风）**：放风筝比赛（比高度、创意设计）。
- **选项B（无风）**：家庭羽毛球赛（划定安全区域，混龄组队）。
- **备用活动**：扔飞盘或踢毽子，确保灵活调整。

15:00 结束返程

三大运动亮点

- **骑行**：低强度有氧运动，增强协调性，适合全家协作。
- **徒步**：自然教育＋轻度锻炼，促进代际交流。
- **风筝/羽毛球**：趣味竞技，锻炼反应力与团队配合。

注意事项

- **安全**：检查自行车刹车、佩戴护具，避开高温时段（11:00—14:00）。
- **包容性**：根据体力动态调整活动时长，老人可参与野餐准备或摄影。
- **应急预案**：携带简易急救包，提前查询公园周边医疗点。

灵活调整：若遇雨天，可调整为室内攀岩馆（儿童区）、保龄球馆等替代方案，保持运动多样性。

预算参考：公园门票（免费/低费用）＋野餐食材（约100元）＋交通费（按距离计）。

让家庭的周末时光既充满活力又温馨放松！

3.2　BROKE 提示词模板

BROKE 提示词模板包括 5 种模型，指标说明和提示词如下。

模型	指标说明	提示词
B	BACKGROUND（背景）	6~8人小公司，主营小红书"种草"，与素人、达人合作，周一到周五8小时工作时间
R	ROLE（角色）	请担任小红书矩阵操盘手的角色
O	OBJECTIVES（目标）	设计全公司使用的流量涨粉方案
K	KEY RESULT（关键结果）	每周每人总工作时长不超过40小时，30个流量账号总获取1000万次曝光
E	EVOLVE（试验并改进）	在考核指标体系中增加流量考核维度和KOL/KOC分级管理

DeepSeek 输入指令：

BACKGROUND 背景

6~8 人小公司，主营小红书"种草"，与素人、达人合作，周一到周五 8 小时工作时间。

ROLE 角色

请担任小红书"矩阵操盘手"的角色。

OBJECTIVES 目标

设计全公司使用的流量涨粉方案。

KEY RESULT 关键结果

每周每人总工作时长不超过 40 小时，30 个流量账号总获取 1000 万次曝光。

EVOLVE 试验并改进

在考核指标体系中增加流量考核维度和 KOL/KOC 分级管理。

DeepSeek 输出答案：

以下是为 6~8 人小公司设计的小红书矩阵流量涨粉方案，结合团队效率、曝光目标和 KOL/KOC 考核体系，符合每周 40 小时 / 人工作强度。

一、账号矩阵分工体系

1. 账号类型配比（30 个账号）

- **8 个核心账号**：垂直领域专家（美妆、家居、母婴等），日更[1]1 条 +1 条互动。
- **12 个素人号**：真实用户视角（测评、教程、日常），日更 1 条。
- **6 个合集号**：UGC 内容整合（"百元好物""学生党必看"等），日更 2 条。
- **4 个 KOL[2] 合作号**：达人代运营账号，周更 3 条精品内容。

2. 人员分工模型

- **内容组（3 人）**：负责 20 个账号的选题、文案、素材制作（含基础剪辑）。
- **运营组（2 人）**：管理内容排期、数据监控、评论区维护。

1　以日为单位进行更新。

2　KOL 意为关键意见领袖。

- **达人组（2人）**：对接 KOL/KOC[1]，审核合作内容，维护资源库。
- **机动岗（1人）**：热点捕捉、爆款内容二次创作。

二、流量暴发 SOP（周均 1000 万次曝光）

1. 内容生产机制

- **爆款素材库**：建立"标题库、封面模板、高赞话术"三件套。
- **工业化生产**：每周批量产出 150 条基础内容（含 30 条视频）。
- **热点响应机制**：周四固定产出周末热点预判内容。

2. 流量放大器配置

- **素人铺量**：每日 18:00—21:00 集中发布＋冷启动互动。
- **KOC 助推**：每周精选 20 条优质内容，由合作 KOC 进行"点赞＋收藏＋评论"三轮助推。
- **流量卡点**：周四／周五重点发布周末场景内容（如周五晚发布"周末聚会妆"）。

3. 数据调控策略

- **2000 曝光淘汰制**：24 小时内自然流量小于 2000 的内容立即进行优化重发。
- **流量接力模式**：爆款内容 48 小时后由合集号进行二次剪辑并再发布。

三、效率管理系统

1. 时间管控表（人均 40 小时／周）

2. 自动化工具包

- **标题生成**：使用 ChatGPT＋关键词库生成标题。
- **封面制作**：使用"稿定设计"平台上的批量模板进行封面制作。
- **数据监控**：使用"新红数据预警系统"进行数据监控。
- **评论维护**：预设 50 条高频回复话术来进行评论维护。

1　KOC 意为关键意见消费者。

四、考核指标体系

1. 流量考核维度

2. KOL/KOC 分级管理

- **S 级达人**：单条曝光量大于或等于 50 万且 CPM[1] 小于 20。
- **A 级达人**：互动率大于或等于 5% 且涨粉率大于或等于 1.5%。
- **B 级达人**：内容复用率大于或等于 3 次且发布时效小于 12 小时。

五、迭代优化机制

1. 每周三数据会议

- 淘汰曝光连续 2 周，小于 20 万粉丝的账号。
- 替换互动率小于 2% 的内容形式。
- 调整 KOC 资源池（保留助推效率 TOP10）。

2. 每月进化动作

- 测试新内容形式（如直播切片、互动贴纸）。
- 开发企业专属流量工具（如批量 @ 功能）。
- 建立跨平台导流体系（微信 / 抖音联动）。

　　该方案通过标准化生产＋数据化运营＋达人资源复用的组合模式，在保障人效的同时构建可复制的流量增长模型，建议先进行 2 周压力测试后逐步放大规模。

3.3　COAST 提示词模板

　　COAST 提示词模板包括 5 种模型，指标说明和提示词如下。

1　CPM：每千次曝光成本（元）。

模型	指标说明	提示词
C	CONTEXT（背景，上下文）	自媒体公司编辑一枚，公司有1台电脑和12部手机可用
O	OBJECTIVE（目的）	获取公众号自媒体流量，要求涨粉8000人/月
A	ACTION（行动）	每天找3~5个对标账号，搜集8~10篇爆文，写3篇原创文章
S	SCENARIO（方案）	工作时间：08:00—18:00
T	TASK（任务）	设计一套可落地执行的公众号涨粉运营方案

DeepSeek 输入指令：

CONTEXT 背景，上下文

自媒体公司编辑一枚，公司有 1 台电脑和 12 部手机可用。

OBJECTIVE 目的

获取公众号自媒体流量，要求涨粉 8000 人 / 月。

ACTION 行动

每天找 3~5 个对标账号，搜集 8~10 篇爆文，写 3 篇原创文章。

SCENARIO 方案

工作时间：08:00—18:00。

TASK 任务

设计一套可落地执行的公众号涨粉运营方案。

DeepSeek 输出答案：

公众号涨粉运营方案（可落地执行版）

一、核心目标

月涨粉 8000 人（日均约 267 人），基于现有资源（1 台电脑 +12 部手机），通过内容生产、精准引流、裂变活动、数据优化四轮驱动。

二、每日执行计划（08:00—18:00）

1. 内容生产（核心流量抓手）

- **08:00—10:00：对标账号分析与爆文搜集**
  - » **对标账号筛选**：每天筛选 3~5 个同领域高互动账号（粉丝量 1 万 ~10 万、点赞率大于 5%、更新频率稳定）。
  - » **爆文拆解**：电脑端用"新榜 / 西瓜数据"搜集 8~10 篇爆文，提炼标题公式（如"悬念＋痛点＋数字"）、内容结构（总分总 / 故事＋干货）、高互动点（评论引导、福利钩子）。
- **10:00—14:00：原创文章写作（3 篇）**
  - » **选题策略**：结合爆文热点＋差异化视角（例如，对标账号写"职场沟通技巧"，你可将相关主题升级为"00 后整顿职场话术"）。
  - » **模板化生产**：固定栏目（如周一干货、周三热点、周五互动），减少创意耗能。
  - » **标题优化**：给每篇文章备选 3 个标题，用 12 部手机进行小范围测试（发朋友圈测点击率）。

2. 发布时间与渠道分发（14:00—15:00）

- **黄金时段（素人、达人的分发时间）**：12:00—13:00（午休）、18:00—19:00（通勤）、21:00—22:00（睡前）。

- **多平台分发**：将文章同步到"知乎"（长文引流）、"小红书"（图文碎片化）、"头条"（机器推荐），文末加"关注公众号回复【关键词】领××福利"。

3. 引流与裂变（15:00—17:00）

- **私域导流**：12部手机执行标准化动作。
  - » **微信群**：每个账号加20个垂直群（行业/兴趣群），每天在5个群里转发文章＋用"红包"引导阅读（话术："群友福利！公众号后台回复'红包'领资料包"）。
  - » **朋友圈**：用手机号注册微信号，养号后每天转发文章＋评论区互动（如"第66位点赞送××"）。
- **爆文评论区截流**：在大号爆文评论区发布优质回复，并引导关注（如"关注××公众号，已整理100条同类干货"）。

4. 数据复盘（17:00—18:00）

- **每日关键指标**：阅读量、分享率、新增粉丝、取关率等。
- **优化策略**：
  - » 阅读量低→调整标题关键词或推送时间。
  - » 分享率高但涨粉少→文末加强福利引导（如"转发到3个群领PPT模板"）。
  - » 取关率高→优化次日选题内容（参考昨日用户停留时长数据）。

三、低成本裂变活动（每周1次）

- **资源裂变**：
  - » "扫码关注公众号，回复'报告'领《2024行业白皮书》"（用电脑制作PDF加水印，成本≈0）。
  - » 12部手机朋友圈同步宣传，并私信种子用户，邀请助力。
- **任务裂变**：
  - » "邀请3位好友关注，截图领取××课程"（用Canva制作海报，手机群发）。

四、风险控制与资源分配

- **账号安全**：12部手机定期切换IP（用4G/5G网络）、模拟真实操作（每天加群小于或等于3个、发朋友圈小于或等于2条）。
- **工具替代**：电脑端用"微小宝"管理多个公众号，手机端用"群控软件"自动化转发（需要合规）。

五、预期效果与调整

- **测试期（第1周）**：日均涨粉150~200人，筛选出两三篇高转化爆文模板。
- **爆发期（第2~3周）**：复制爆文模板＋裂变活动，日均涨粉300~400人。
- **稳定期（第4周）**：优化长尾内容＋评论区截流，冲刺8000名粉丝的目标。

关键成功因子：

- **爆文率**：3篇原创中需要1篇达到平均阅读量的2倍（触发平台推荐）。
- **私域转化率**：12部手机每日至少导流50人（通过群＋朋友圈）。
- **执行口诀**：对标爆款省时间，手机矩阵做流量，数据指导少走坑，裂变加速冲目标！

3.4 TAG 提示词模板

TAG 提示词模板包括3种模型，指标说明和提示词如下。

模型	指标说明	提示词
T	TASK（任务）	6人自媒体小公司，办公电脑8台，矩阵手机30部
A	ACTION（行动）	筛选适合做自媒体的平台和赛道， 按运营计划给团队成员安排工作， 必须量化工作任务，使其可分配、可执行
G	GOAL（目标）	3个月内实现： 抖音涨粉30,000人、小红书涨粉12,000人、视频号涨粉28,000人

DeepSeek 输入指令:

TASK 任务

6人自媒体小公司,办公电脑8台,矩阵手机30部。

ACTION 行动

筛选适合做自媒体的平台和赛道,

按运营计划给团队成员安排工作,

必须量化工作任务,使其可分配、可执行。

GOAL 目标

3个月内实现:

抖音涨粉30,000人、小红书涨粉12,000人、视频号涨粉28,000人。

DeepSeek 输出答案:

以下是针对6人自媒体小公司的全平台运营方案,整合抖音、小红书、视频号三大平台运营策略,实现3个月精准涨粉目标。

一、筛选平台与赛道

1. 平台特性适配

平台	核心优势	最佳内容形式	推荐赛道
抖音	推荐算法强	15~60秒竖版视频	美妆教程、生活妙招、剧情短剧
小红书	"种草"转化高	图文+1分钟视频	好物测评、穿搭指南、家居改造
视频号	社交裂变强	30秒横竖版视频	情感故事、知识科普、本地生活

2. 赛道协同矩阵

- **主赛道**：美妆个护（覆盖三大平台）。
- **辅赛道**：家居改造（小红书＋视频号）、职场干货（抖音＋视频号）。
- **备选赛道**：宠物经济（建立两个宠物账号试水）。

二、团队分工与量化任务

1. 人员配置模型

角色	人数	核心职责	量化指标
内容制作组	2人	三大平台视频拍摄剪辑	日产出15条成片（含基础剪辑）
图文创作组	1人	小红书图文+视频号文案	日产出20条笔记或文案
账号运营组	2人	多平台发布&数据监控	人均管理15台设备或日发布45条内容
流量运营组	1人	投流+达人对接	周对接20个KOC或日投放预算300元

2. 设备分配方案

平台	账号数量	设备分配	日发布量
抖音	12个账号	12部手机	36条（3条/账号）
小红书	10个账号	10部手机	20条（2条/账号）
视频号	8个账号	8部手机	24条（3条/账号）

三、三大平台运营的 SOP

1. 抖音攻坚计划（目标 30,000 名粉丝）

内容策略：打造 3 个垂类账号 +9 个矩阵号。

- **3 个垂类账号**：日更 2 条精品视频（剧情＋教程）。
- **9 个矩阵号**：日更 1 条混剪视频（复用垂类账号素材）。

流量组合拳：

- 每天18:00投放300元DOU+（定向20~35岁女性）。
- 每周参与2次挑战赛（预算500元/次）。
- 建立评论区小号矩阵（10个账号每日互动50次）。

2. 小红书深耕方案（目标12,000名粉丝）

爆款复制机制：

- 每周产出3篇"万字长文"干货笔记。
- 每日发布8条"痛点解决方案"图文（使用预设模板）。
- 建立"合集更新"机制（每周更新3个爆款合集）。

素人矩阵玩法：

10个账号分3组执行"阶梯发布法"。

- **A组（3个账号）**：7:30发布专业教程。
- **B组（4个账号）**：12:00发布好物合集。
- **C组（3个账号）**：19:00发布场景化"种草"内容。

3. 视频号裂变策略（目标28,000名粉丝）

社交裂变三板斧：

- 每日发布3条"转发有礼"视频（点赞数超100即送礼品）。
- 每周打造2条"@好友"任务视频（@3人解锁完整版）。
- 建立"地域标签"内容池（8个账号覆盖不同城市话题）。

私域导流计划：

- 在所有视频简介中嵌入企业微信二维码。
- 每周举办"直播连麦"活动（导流至粉丝群）。

四、量化执行体系

1. 每日任务清单

时段	工作内容	产出标准
9:00—11:00	热点捕捉+选题会	确定20条选题
13:00—15:00	批量内容生产	完成30条内容制作
16:00—18:00	多平台发布	完成60条内容发布
20:00—21:00	数据复盘	生成三大平台数据报表

2. 效率工具包

- **视频批量剪辑：** 剪映云剪辑＋王者剪辑。
- **图文自动生成：** 稿定设计 AI 文案 +Canva[1] 模板。
- **多账号管理：** 微小宝＋蚁小二。
- **数据监控：** 新榜＋飞瓜数据。

五、考核与激励机制

1. 三阶段目标拆解

阶段	抖音目标	小红书目标	视频号目标
第1月	8,000名粉丝	3,000名粉丝	7,000名粉丝
第2月	12,000名粉丝	5,000名粉丝	12,000名粉丝
第3月	10,000名粉丝	4,000名粉丝	9,000名粉丝

2. 爆款奖励机制

- **单条视频播放量超 50 万：** 团队奖励 500 元。
- **笔记收藏超 1 万次：** 奖励创作者 300 元。
- **单日涨粉破千：** 当日执行组奖励 200 元。

---

1 Canva：一款图形设计工具软件。

六、风险控制方案

- **账号风控**：为每台设备设置独立网络环境，使用"虎观""爱伪装"等改机工具。
- **内容备份**：建立 3 套内容模板库（含应急备用素材）。
- **流量对冲**：当某平台数据低迷时，增加其他平台 20% 投放预算。

该方案通过"精准赛道选择＋工业化内容生产＋社交裂变加持"的组合策略，配合详细的量化执行体系，可在保证人效的前提下达成目标。建议首周进行压力测试，重点优化内容投产比（将 CPM 控制在 15 元以内）。

3.5　RISE 提示词模板

RISE 提示词模板包括 4 种模型，指标说明和提示词如下。

模型	指标说明	提示词
R	ROLE（角色）	小红书操盘手
I	INPUT（输入）	启动资金现金3万元、小红书账号30个、剪辑师2名
S	STEPS（步骤）	使用启动资金的20%投资一两个小红书平台的垂直赛道（必须是赚钱的），基于现有的人员和小红书账号，用30天时间涨粉20万~30万人
E	EXPECTATION（期望）	制定一份3个月内能盈利30万元的可行性执行报告

DeepSeek 输入指令：

ROLE 角色

小红书操盘手。

INPUT 输入

启动资金现金 3 万元、小红书账号 30 个、剪辑师 2 名。

STEPS 步骤

使用启动资金的20%投资一两个小红书平台的垂直赛道（必须是赚钱的），

基于现有的人员和小红书账号，用30天时间涨粉20万~30万人。

EXPECTATION 期望

制定一份3个月内能盈利30万元的可行性执行报告。

DeepSeek 输出答案：

小红书账号运营可行性执行报告

一、角色与资源

- **角色**：小红书操盘手。
- **资源**：
  - » 启动资金：3万元现金。
  - » 小红书账号：30个。
  - » 剪辑师：2名。

二、目标

- **短期目标**：30天内涨粉20万~30万人。
- **长期目标**：3个月内盈利30万元。

三、执行步骤

1. 赛道选择与资金分配

赛道选择：

- **美妆护肤**：市场需求大，变现能力强。

- **家居好物**：用户黏性高，适合带货。

资金分配：

- 启动资金的 20%（6000 元）用于：
  - » 美妆护肤赛道：4000 元（购买样品、合作 KOC）。
  - » 家居好物赛道：2000 元（购买样品、拍摄道具）。

2. 账号定位与内容规划

美妆护肤赛道：

- **账号定位**：平价好物推荐 + 护肤技巧分享。
- **内容规划**：
  - » 每日发布两三篇笔记，涵盖产品测评、护肤教程、成分解析。
  - » 每周做一次直播，进行产品推荐和粉丝互动。

家居好物赛道：

- **账号定位**：高性价比家居用品推荐 + 生活小技巧。
- **内容规划**：
  - » 每日发布两三篇笔记，涵盖好物开箱、家居改造、收纳技巧。
  - » 每周做一次直播，进行产品推荐和粉丝互动。

3. 涨粉策略

内容优化：

- 高质量图文 + 短视频，提升用户互动率。
- 使用热门话题和标签，增加曝光量。

合作推广：

- 与中小 KOC 合作，进行互推和内容共创。
- 利用小红书平台的流量扶持政策，参与官方活动。

粉丝互动：

- 定期举办抽奖活动，提升粉丝黏性。
- 回复评论和私信，增强用户互动。

4.变现路径

带货变现：

- 通过小红书商城和淘宝联盟进行带货，赚取佣金。
- 与品牌方合作，进行产品推广和销售。

广告变现：

- 接受品牌广告投放，按粉丝量和互动率定价。
- 参与小红书平台的广告分成计划。

5.数据追踪与优化调整

数据追踪：

- 每日记录账号的粉丝增长量、互动率、转化率。
- 每周进行数据分析，优化内容策略。

优化调整：

- 根据数据反馈，调整内容方向和推广策略。
- 定期复盘，总结经验教训。

四、预期成果

30天内：

- 涨粉20万~30万人。
- 初步建立品牌影响力和用户黏性。

3 个月内：

- 实现盈利 30 万元。
- 建立稳定的变现模式和用户基础。

五、总结

通过精准的赛道选择、优质的内容规划、有效的涨粉策略和多元的变现路径，结合数据追踪与优化调整，确保在 3 个月内实现盈利 30 万元的目标。

3.6　TRACE 提示词模板

TRACE 提示词模板包括 5 种模型，指标说明和提示词如下。

模型	指标说明	提示词
T	TASK（任务）	制订一份小红书变现计划
R	REQUEST（请求）	启动资金3000元，偏向实战派，具有可执行性
A	ACTION（行动）	用启动资金的80%投资一个小红书项目（必须是赚钱的），基于现有的小红书平台规则，用30天时间做一个账号并涨粉8万~10万人
C	CONTEXT（上下文）	工作时间：每天早上6点30分到晚上10点
E	EXAMPLE（示例）	用AI做小红书养生博主，零基础也能涨粉，赚50万元不难！ 一学就会，爆火的小红书/小绿书，涨粉、带货两不误，1分钟教会你，AI荒诞绘画、小红书卖勺子，爆销4000万元！！！

DeepSeek 输入指令：

TASK 任务

制订一份小红书变现计划。

REQUEST 请求

启动资金 3000 元，偏向实战派，具有可执行性。

ACTION 行动

用启动资金的 80% 投资一个小红书项目（必须是赚钱的），基于现有的小红书平台规则，用 30 天时间做一个账号并涨粉 8 万 ~10 万人。

CONTEXT 上下文

工作时间：每天早上 6 点 30 分到晚上 10 点。

EXAMPLE 示例

用 AI 做小红书养生博主，零基础也能涨粉，赚 50 万元不难！

一学就会，爆火的小红书 / 小绿书，涨粉、带货两不误，1 分钟教会你，AI 荒诞绘画、小红书卖勺子，爆销 4000 万元！！！

DeepSeek 输出答案：

小红书变现计划：实战派执行方案

一、任务目标

- **启动资金**：3000 元。
- **时间周期**：30 天。
- **目标**：做一个账号，涨粉 8 万 ~10 万人，并实现变现。

二、行动步骤

1. 项目选择与资金分配

项目选择：家居好物推荐（高性价比、易带货）。

资金分配：

- 启动资金的 80%（2400 元）用于：
  - » 样品采购：1500 元（购买 20~30 款高性价比家居用品）。
  - » 拍摄道具：500 元（背景布、灯光设备等）。
  - » 推广费用：400 元（用于小红书平台的流量推广）。

2. 账号定位与内容规划

账号定位：平价家居好物推荐 + 生活小技巧。

内容规划：

- **每日发布两三篇笔记**：
  - » 好物开箱：展示产品特点和使用场景。
  - » 生活技巧：如收纳技巧、清洁妙招等。
  - » 用户互动：征集粉丝需求，进行产品推荐。
- **每周做一次直播**：
  - » 进行产品推荐和粉丝互动，提升用户黏性。

3. 涨粉策略

内容优化：

- 高质量图文 + 短视频，提升用户互动率。
- 使用热门话题和标签，增加曝光量。

合作推广：

- 与中小 KOC 合作，进行互推和内容共创。
- 利用小红书平台的流量扶持政策，参与官方活动。

粉丝互动：

- 定期举办抽奖活动，提升粉丝黏性。
- 回复评论和私信，增强用户互动。

4. 变现路径

带货变现：

- 通过小红书商城和淘宝联盟进行带货，赚取佣金。
- 与品牌方合作，进行产品推广和销售。

广告变现：

- 接受品牌广告投放，按粉丝量和互动率定价。
- 参与小红书平台的广告分成计划。

5. 数据追踪与优化调整

数据追踪：

- 每日记录账号的粉丝增长量、互动率、转化率。
- 每周进行数据分析，优化内容策略。

优化调整：

- 根据数据反馈，调整内容方向和推广策略。
- 定期复盘，总结经验教训。

三、预期成果

30 天内：

- 涨粉 8 万 ~10 万人。
- 初步建立品牌影响力和用户黏性。

3个月内：

- 实现盈利30万元。
- 建立稳定的变现模式和用户基础。

四、总结

通过精准的项目选择、优质的内容规划、有效的涨粉策略和多元的变现路径,结合数据追踪与优化调整,确保在30天内实现涨粉8万~10万人的目标,并在3个月内实现盈利30万元。

第 4 章
日常生活中可以用 DeepSeek 解决哪些问题

以下是日常生活中 DeepSeek 的 10 个实用场景及操作指南，涵盖生活规划、消费决策、健康管理等方向。

4.1　如何用 DeepSeek 写演讲稿、讲话稿

场景：毕业致辞、会议发言、婚礼致辞等。

输入要素：主题、听众身份、时长、情感风格（幽默 / 严肃）。

DeepSeek 输入指令："写一篇关于'环保生活'的社区演讲稿，听众为中老年人，时长 5 分钟，用通俗易懂的语言，结合本地案例。"

DeepSeek 输出答案：

好的，以下是为中老年听众设计的社区环保演讲稿，结合生活化案例和互动表达。

环保生活，咱们都是行动派

（时长：5分钟）

各位街坊邻居、叔叔阿姨们，下午好！

我是咱社区的小李，今天不说大道理，就跟大家唠唠怎么把环保变成咱家过日子的小窍门。

第一招：菜篮子里的大学问。

上个月，咱们菜市场的王婶跟我算账：以前每天用5个塑料袋，现在改用布袋子，一个月省了150个塑料袋！这些塑料袋要是连起来，长度可达50米。

咱们学学东头儿的张叔——他专门在阳台放了"环保三宝"：布袋、玻璃饭盒、不锈钢吸管。买豆腐直接装饭盒，买豆浆自带杯子，摊主都认识他了，每回还多给半勺！

第二招：水电费里省出旅游钱。

大家都知道3号楼的刘奶奶吧？去年她家换了LED灯，洗菜水攒着冲厕所，夏天少开两小时空调，一年省下了约1000块钱，带着孙子去了趟西湖！

咱们可以学学她家的"三关一拔"口诀：关灯、关水、关煤气，拔掉不用的插头。电视机待机状态一个月多耗2度电，够咱们的手机充100次电！

第三招：废品堆里捡"黄金"。

还记得咱社区刚搞垃圾分类时，大伙儿嫌麻烦吗？现在可不一样了！7号楼的赵爷爷专门收集旧报纸，两个月卖了80块钱，给孙子买了新书包。

最近社区新添了"旧物置换角"，李阿姨用闲置的电磁炉换了台收音机，陈伯伯拿旧书架换了10盆绿萝。那些用不着的物件，说不定正是别人需要的宝贝呢！

叔叔阿姨们，环保不是要咱们做苦行僧。少用一个塑料袋，多关一盏灯，攒下废品换袋盐，这就是在给子孙存绿水青山。最后送给大家我自编的顺口溜：

"布袋菜篮随身带，省水省电会持家。

垃圾分类勤动手，旧物互换人人夸。

环保不是空口号，点滴做起福万家！"

谢谢大家！咱们现在就开始行动，好不好？

设计亮点：

- **本土化案例**：全部采用社区真人真事（菜市场摊主、邻居节能案例等）。
- **可视化数据**：用50米长的塑料袋、充100次电等具体内容代替抽象的数字。
- **行动锚点**：提炼"环保三宝""三关一拔"等易记口诀。
- **情感共鸣**：强调环保与省钱、健康、儿孙福祉的关联性。
- **互动设计**：结尾号召集体回应，增强参与感。

可根据实际情况替换具体的人物称谓和地点（如把"西湖"改为本地景点）。

4.2 如何用 DeepSeek 制定个性化旅游攻略

场景：家庭出游、情侣旅行、独自探险等。

输入要素：目的地、天数、预算、兴趣标签（如"亲子游所需婴儿设施""摄影爱好者取景点"等）。

DeepSeek 输入指令："请帮彬彬制定一个'山西7日旅游攻略'，将每日行程压缩到2万步以内，生成穷游版和舒适版两种预算方案。"

DeepSeek 输出答案：

以下是兼顾彬彬步行强度控制和两种预算方案的山西7日旅游攻略，行程覆盖人文古迹与自然风光，每日步数控制在1.5万~2万步（约8~12公里）。

【7日行程总览】

D1 大同：云冈石窟＋华严寺＋古城墙

D2 大同→浑源→应县：悬空寺＋应县木塔→夜宿应县

D3 应县→太原：晋祠＋山西博物院→平遥

D4 平遥：古城全天深度游

D5 平遥→临汾：王家大院＋壶口瀑布

D6 临汾→五台山：五爷庙＋显通寺＋塔院寺

D7 五台山→太原→返程

【每日步数控制方案】

- 云冈石窟：园区内折返步道6000～8000万步。
- 平遥古城：分散景点间用景区电瓶车接驳。
- 五台山：游览核心寺庙群集中区域。
- 壶口瀑布：景区内观景平台步行不超过3000步。

【穷游版预算】总共约1800元。

住宿：青旅/客栈床位（40~80元/晚）。

交通：城际大巴＋火车硬座＋共享单车。

- 大同—太原火车硬座37.5元。
- 平遥古城电瓶车通票30元。
- ……

餐饮：刀削面/碗托等山西小吃（15~30元/餐）。

门票：学生证半价＋利用免费时段。

- 悬空寺登临票（学生）58元。
- 云冈石窟（学生）60元。

......

【舒适版预算】总共约4500元。

住宿：三星酒店/特色民宿（200~350元/晚）。

交通：高铁二等座＋景区包车/打车。

- 太原—平遥高铁28元/16分钟。
- 壶口瀑布包车往返400元/车。

......

餐饮：老字号餐馆用餐（50~100元/餐）。

门票：全价票＋景区电瓶车。

- 《又见平遥》演出220元。
- 王家大院＋导游讲解120元。

......

【重要提示】

- 悬空寺需要提前3天预约登临时段。
- 平遥古城22:00后免门票进入。
- 五台山景区巴士免费接驳核心寺庙。
- 壶口瀑布3、4月桃花汛期最壮观。
- 山西博物院周一闭馆，需要错开时间。

【必吃美食清单】

- 大同：刀削面、浑源凉粉等。

- 太原：头脑、荞面灌肠等。
- 平遥：牛肉、碗托等。
- 临汾：牛肉丸子面等。

建议选择春秋季出行，避开暑期高温和冬天封山期。两种预算方案都建议购买"山西文旅年卡"，可省100多元门票费用。

4.3 如何用 DeepSeek 制定低卡食谱

场景：减脂餐、健身增肌等。

输入公式：

```Plain Text
[ 身高 / 体重 / 年龄 ]+[ 饮食禁忌 ]+[ 目标 ]+[ 口味偏好 ]
```

DeepSeek 输入指令："彬彬老师身高 165cm/ 体重 60kg/ 乳糖不耐受，设计一周低卡食谱，早中晚热量分配为 3：4：3，川菜风味。"

DeepSeek 输出答案：

以下是为彬彬老师定制的川菜风味一周低卡食谱，兼顾乳糖不耐受忌口与川式麻辣鲜香特色，食材易获取且操作简便。

周一

早餐 魔芋芽菜蛋羹（190kcal）

魔芋丝 50g+ 鸡蛋 1 个 + 芽菜碎 20g+ 红油辣椒 3g+ 无糖豆浆 200ml

午餐 椒麻鸡丝糙米饭（480kcal）

鸡胸肉 120g（藤椒油凉拌）+ 糙米 80g+ 焯水莴笋丝 150g+ 小米辣蘸碟

晚餐 酸辣魔芋粉（73kcal）

魔芋粉 100g+ 木耳 30g+ 番茄 150g+ 白醋 5g+ 泡椒碎 10g

周二

早餐 红油抄手（改良版）（280kcal）

全麦抄手皮 6 张（虾仁 80g+ 香菇碎馅）+ 红油辣子 5g+ 小白菜 100g

午餐 水煮龙利鱼（215kcal）

龙利鱼 200g+ 豆芽 150g+ 少油版自制低脂水煮料（豆瓣酱 10g+ 花椒 3g）

晚餐 麻香凉拌豆腐（145kcal）

嫩豆腐 150g+ 皮蛋半颗 + 香葱 + 生抽 5g+ 花椒油 3g

周三

早餐 担担面（低脂版）（310kcal）

荞麦面 60g+ 芝麻酱 5g（无乳糖）+ 肉臊 30g（瘦猪肉）+ 碎米芽菜 15g

午餐 夫妻肺片（轻食版）（320kcal）

牛腱肉 100g+ 牛舌 50g+ 卤料包（煮制）+ 香菜 + 少油版自制辣椒蘸水

晚餐 泡椒冬瓜汤（55kcal）

冬瓜 200g+ 泡椒 10g+ 虾皮 5g+ 魔芋结 50g

周四至周日（精选组合）

早餐轮换：

- 麻辣豆花碗（嫩豆腐 150g+ 牛肉末 30g+ 红油 5g）
- 椒香蔬菜蛋饼（全麦粉 30g+ 鸡蛋 1 个 + 青椒碎 50g）

午餐轮换：

- 少油毛血旺（鸭血150g+黄喉50g+海带结100g+低脂汤底）
- 宫保鸡丁饭（鸡胸肉150g+花生10g+糙米饭80g）

晚餐轮换：

- 藤椒蒸鳕鱼（鳕鱼150g+金针菇100g+青花椒5g）
- 凉拌蕨根粉（蕨根粉80g+黄瓜丝100g+蒜泥小米辣）

关键设计逻辑：

- **川味元素保留**：使用泡椒、藤椒、红油辣椒、豆瓣酱提味，单餐用油少于或等于8g。
- **乳糖规避**：全程无奶制品，用无糖豆浆、芝麻酱（确认无乳糖）替代。
- **低卡技巧**：
  » 主食替换：魔芋制品、蕨根粉、糙米替代精制碳水。
  » 蛋白质优选：龙利鱼、鳕鱼、鸡胸肉、牛腱肉等高蛋白低脂肉类。
  » 控油方案：自制红油辣椒（以3∶1的比例混合辣椒粉和橄榄油）。
- **营养配比**：
  » 日均蛋白质≈75g（占20%）
  » 优质脂肪≈40g（占24%）
  » 碳水≈150g（占56%）

加餐建议（可选，每日增加不超过100kcal）：

- 麻辣风味：泡椒竹笋30g、灯影牛肉丝15g。
- 解馋饮品：无糖酸梅汤200ml、青柠气泡水。

可根据实际体重变化情况，每日通过增减主食量±50g进行热量微调。建议配合每日30分钟快走（约消耗150kcal）来提升减脂效果。

4.4 如何用 DeepSeek 智能分析装修报价

避坑指南：

上传装修公司报价单。

指令："对比杭州 2024 年人工费市场价，标记高于均价 20% 的项目。"
追问："列出容易偷工减料的 5 个隐蔽工程验收要点。"

DeepSeek 输入指令："对比杭州 2024 年人工费市场价，标记高于均价 20% 的项目。"

DeepSeek 输出答案：

以下是杭州 2024 年人工费市场价的对比分析，标记单价高于市场均价 20% 以上的项目，并附市场参考价说明。

人工费市场价对比分析（杭州 2024 年参考价）

项目类型	市场均价（含人工）	说明
乳胶漆施工	25~35元/㎡	含基层处理及腻子
瓷砖铺贴	60~80元/㎡（常规尺寸）	含辅料及人工
石膏板吊顶	80~120元/㎡	含龙骨及辅料
定制柜体安装	200~300元/延米	含五金配件基础安装
防水工程	40~60元/㎡	双层涂料标准工艺
水电改造	80~120元/㎡（全包）	含材料及人工

超标项目标记与分析

餐厅（30m²）

项目	报价单价	市场均价	超标幅度	原因分析
地面乳胶漆	45元/㎡	30元/㎡	+50%	市场均价含基层处理仅30元
石膏板吊顶	150元/㎡	100元/㎡	+50%	普通吊顶工艺均价不超120元

卧室（12m²×2）

项目	报价单价	市场均价	超标幅度	原因分析
定制衣柜（延米）	900元/个	250元/延米	+260%	按延米计市场价仅200~300元
一体式床柜	2,500元/个	800元/个	+213%	普通定制柜体安装费偏高

厨房（8m²）

项目	报价单价	市场均价	超标幅度	原因分析
铺设定型（延米）	1,600元/延米	400元/延米	+300%	橱柜定制均价不超过500元/延米
不锈钢单排水槽	1,200元/个	600元/个	+100%	含龙头安装市场价约600元

卫生间（6m²）

项目	报价单价	市场均价	超标幅度	原因分析
防滑玻璃铺贴	100元/㎡	60元/㎡	+67%	常规瓷砖铺贴均价60~80元
卫浴套装	8,000元/套	4,000元/套	+100%	中端品牌卫浴套装均价4,000~5,000元

其他项目

项目	报价单价	市场均价	超标幅度	原因分析
电扇改造（全包）	6,000元	3,500元	+71%	全屋水电改造均价80~120元/㎡

建议优化方向：

1. 优先议价项目： 定制柜体（衣柜、橱柜）、卫浴套装、电扇改造，超标幅度等均超 70%，可要求供应商拆分材料与人工费明细。

2. 替换施工方案：

- 石膏板吊顶改用简约造型（单价降至 100 元 /m^2 内）。
- 将防滑玻璃替换为常规防滑瓷砖（单价 60 元 /m^2）。

3. 分项比价： 要求供应商单独列出主材费与人工费，避免人工费隐性加价。

总结

报价单中"人工费超标项目占比约 40%"，主要集中在定制柜体、吊顶及卫浴工程。建议重新核价或更换性价比更高的供应商，预计可节省总预算 15%~20%（约 8,000~12,000 元）。

4.5 如何用 DeepSeek 做商品选购对比方案

场景： 家电、数码产品、母婴用品等。

操作流程：

- 输入需求："彬彬老师预算 5,000 元购买 75 英寸电视，侧重游戏性能和护眼功能。"
- 生成横向对比表（参数、价格、口碑）。
- 追加指令："加入'618'促销价格预测。"

DeepSeek 输出答案：

　　以下是基于预算 5,000 元、75 英寸电视的横向对比表，侧重游戏性能和护眼功能，并加入"618"促销价格预测。

预算 5,000 元、75 英寸电视的横向对比表（游戏性能 + 护眼功能）

型号	海信 75E5K	TCL 75T7H	小米电视 S Pro 75	雷鸟鹤6 24款	创维 75A5D
当前价格	4,999元	4,799元	4,999元	4,699元	4,599元
"618"预测价格	4,399~4,599元	4,299~4,499元	4,299~4,499元	3,999~4,199元	3,999~4,199元
屏幕类型	ULED	QLED	Mini LED	QLED	LED
刷新率	144Hz	144Hz	144Hz	120Hz	120Hz
HDMI 2.1接口	2个	2个	2个	1个	1个
VRR/ALLM	支持	支持	支持	支持	支持
输入延迟	8ms	7ms	9ms	10ms	12ms
护眼技术	莱茵低蓝光+无频闪	自然光+防眩光	全链路防蓝光	莱茵低蓝光	光学防蓝光
内存	4+64GB	4+64GB	4+64GB	4+64GB	3+32GB
音响功率	60W	50W	70W	40W	30W
好评率（京东）	97%	96%	95%	95%	94%
口碑亮点	色彩均衡，游戏响应快	性价比高，QLED亮度优秀	Mini LED画质细腻	系统流畅，无广告	价格最低，基础功能全

重点推荐与促销预测

1. 游戏性能首选：TCL 75T7H

- **优势**：144Hz 高刷 +7ms 低延迟，QLED 屏幕亮度和色彩表现优秀，"618"期间可能降至 4,300 元左右。
- **风险**：护眼功能弱于海信 / 小米品牌的电视。

2. 护眼综合最优：海信 75E5K

- **优势**：ULED 控光＋莱茵双认证护眼，游戏性能均衡，预测"618"期间可能降至 4,500 元以内。
- **风险**：音响效果一般。

3. 性价比之选：雷鸟鹤 6 24 款

- **优势**：无广告系统 +QLED 屏幕，"618"期间可能跌破 4,000 元，适合预算敏感用户。
- **风险**：输入延迟略高（10ms）。

选购建议

- **PS5/Xbox 玩家**：优先选择带双 HDMI 2.1 接口的型号（如 TCL 75T7H、海信 75E5K）。
- **长期观影 / 网课**：海信 75E5K 或小米电视 S Pro 75 的护眼技术更全面。
- **蹲守"618"**：建议 5 月底关注平台预售，部分型号（如雷鸟鹤、创维）可能提前放价。

4.6 如何用 DeepSeek 写电子产品对比方案

场景：年底换新、自购换机、产品采购等。

输入要素：主题、对比产品、预期目标（建议 / 意见）。

DeepSeek 输入指令："最近我想换部新手机，iPhone 13 Pro Max 与华为 Mate 70 Pro 哪一款更适合我？"

DeepSeek 输出答案：

是选择 iPhone 13 Pro Max 还是选择华为 Mate 70 Pro，需要根据你的核心需求决定，以下是两款手机的对比分析和建议。

1. 操作系统与生态兼容性

- **iPhone 13 Pro Max**
  - » **iOS 系统**：流畅稳定，应用响应速度快，可以与苹果生态（Mac、iPad、AirPods 等）无缝联动。
  - » **长期更新**：苹果通常提供 5 年以上的系统更新，耐用性高。
  - » **适合人群**：已拥有苹果设备、偏好简单封闭系统、依赖海外应用（如 iMessage、FaceTime）的用户。
- **华为 Mate 70 Pro**
  - » **HarmonyOS**：本地化服务更接地气（如国内支付、交通卡适配），支持多设备协同（华为笔记本、华为平板等）。
  - » **开放性与功能**：分屏操作、应用双开等功能更灵活。
  - » **适合人群**：习惯 Android、HarmonyOS 操作逻辑、依赖国内生态（如华为云、快应用）的用户。

2. 性能与网络支持

- **iPhone 13 Pro Max**
  - » **A15 芯片**：性能依然顶级，游戏和多任务处理无压力。
  - » **支持 5G**：全网通，兼容主流 5G 频段。
- **华为 Mate 70 Pro**
  - » **麒麟芯片**（假设为最新款）：若搭载麒麟 9000s 或升级款，性能接近旗舰水平，但可能略逊于 A15 芯片。
  - » **支持 5G**：若已解决制裁限制（如华为 Mate 60 系列），则支持 5G；否则可能仅支持 4G，需要确认具体机型。

3. 相机表现

- **iPhone 13 Pro Max**
  - » **优势**：视频录制（防抖、电影模式）、色彩还原真实，适合 Vlog 和日常记录。
  - » **不足**：长焦和夜景算法比华为手机的更保守。
- **华为 Mate 70 Pro**
  - » **优势**：拍照玩法多样（可变光圈、长焦微距、AI 增强），夜景和远景表现突出。
  - » **不足**：部分场景色彩饱和度偏高，视频录制稳定性稍逊。

4. 续航与充电

- **iPhone 13 Pro Max**
  - » **续航**：重度使用一天一充，苹果手机的优化很到位。
  - » **充电**：20W 左右快充，约 1.5 小时充满，需要另购充电头。
- **华为 Mate 70 Pro**
  - » **续航**：大电池＋系统省电优化，续航与苹果手机相当或略优。
  - » **充电**：66W 或以上快充，约 40 分钟充满，支持无线反向充电。

5. 价格与性价比

- **iPhone 13 Pro Max**
  - » 当前二手／官翻机价格为 6,000~8,000 元，新机可能缺货。性价比取决于你对 iOS 系统的刚需程度。
- **华为 Mate 70 Pro**
  - » 若为新发布机型，首发价可能在 7,000 元以上，建议观望初期评测；若为华为 Mate 60 Pro，现价约 6,000~7,000 元。[1]

---

1 DeepSeek 的知识更新截止于 2023 年，当时华为 Mate 70 Pro 还未发布，所以此处会提供华为 Mate 60 Pro 的信息。

6. 其他因素

- **屏幕**：两者均为高刷 OLED 屏，苹果手机色彩校准更精准，而华为手机曲屏设计更具沉浸感。
- **耐用性**：均支持 IP68 防水，但苹果手机的玻璃面板更耐摔（需要通过实际使用来验证）。
- **存储扩展**：华为手机支持 NM 卡扩展，苹果手机仅能选配大容量版本。

总结建议

- **选 iPhone 13 Pro Max，如果**：
  - » 你已有苹果生态设备，追求系统流畅度与长期使用。
  - » 重视视频拍摄和色彩真实还原。
  - » 预算有限但想体验旗舰性能（二手 / 官翻渠道）。
- **选华为 Mate 70 Pro，如果**：
  - » 你偏好国产高端机型，需要本地化服务（如门禁卡模拟、5G 刚需）。
  - » 追求拍照可玩性、快充速度和曲面屏设计。
  - » 计划接入华为生态（笔记本、耳机等）。

　　最终决策：建议到实体店体验真机操作手感，并明确自己最在意的 2~3 个核心需求（如系统、拍照、续航），再结合预算决定。若追求最新技术且预算充足，可等待华为 Mate 70 Pro 发布后的实测评价。

4.7　如何用 DeepSeek 做家庭财务规划

　　实用功能：输入月收入、固定支出、理财目标（如"如何分配剩余资金以达到年收益率 8%？"）

　　DeepSeek 输入指令："彬彬老师月入 1.2 万元，房租 3,000 元，如何分配剩余资金以达到年收益率 8%？"

DeepSeek 输出答案：

为了帮助彬彬老师实现年收益率 8% 的目标，以下是分步建议。

1. 明确财务基础

- **月收入**：1.2 万元。
- **固定支出（房租）**：3,000 元。
- **月结余**：9,000 元。
- **年结余**：10.8 万元（9,000 元 ×12 个月）。

2. 设定投资目标

- **目标年化收益率**：8%。
- **预期年收益**：10.8 万元 ×8%=8,640 元。
- **总资产增值**：10.8 万元 +8,640 元 =11.664 万元（未考虑复利）。

3. 构建投资组合 / 中等风险

资产类别	配置比例	预期年收益	工具举例
权益类	60%	8%~12%	宽基指数基金（如沪深300）、行业 ETF、优质个股
固收类	30%	3%~5%	国债、纯债基金、银行理财
现金管理类	10%	2%~3%	货币基金、短期国债逆回购

　　为实现 8% 的收益，需要配置权益类（股票 / 基金）和固收类（债券 / 理财）资产，建议采用"核心 + 卫星"策略。

4. 具体操作方案

每月 9,000 元分配：

- **5,400 元（60%）**→权益类

- » **4,000 元**：定投沪深 300 / 中证 500 指数基金（长期持有，摊平成本）。
- » **1,400 元**：行业主题基金（如科技、消费）或蓝筹股（需要研究筛选）。
- **2,700 元（30%）→固收类**
  - » **2,000 元**：纯债基金（如中短债，流动性高）。
  - » **700 元**：银行 1 年期理财（锁定收益）。
- **900 元（10%）→现金类**
  - » 存入货币基金（如余额宝），用于应急或市场下跌时补仓。

年结余 10.8 万元示例组合：

- **权益类（6.48 万元）**：指数基金（4.8 万元）+ 行业基金 / 股票（1.68 万元）。
- **固收类（3.24 万元）**：债券基金（2.4 万元）+ 银行理财（0.84 万元）。
- **现金类（1.08 万元）**：随时可用。

5. 风险管理与优化

- **再平衡**：每半年调整一次，维持 60∶30∶10 的比例（如股市上涨导致权益类超配，则部分获利了结，增持固收）。
- **定投纪律**：无论市场涨跌，坚持投入，利用微笑曲线降低风险。
- **分散投资**：避免单一资产"爆雷"，权益类可分散至 A 股、港股、美股指数。
- **应急储备**：建议另存 3~6 个月生活费（1.8 万 ~ 3.6 万元）于货币基金，与投资资金分开。

6. 收益模拟（历史参考）

- **权益类**（60%）：若年化 10%，收益约 6,480 元。
- **固收类**（30%）：若年化 4%，收益约 1,296 元。
- **现金类**（10%）：若年化 2.5%，收益约 270 元。
- **合计收益**：6,480+1,296+270=8,046 元（年化约 7.45%）

  注：实际收益可能因市场波动偏离目标，长期坚持 8% 可期。

7. 关键提醒

- **风险提示**：股市短期波动可能导致亏损，需要持有3年以上以平滑风险。
- **费用控制**：选择管理费低的指数基金（如费率低于0.5%）。
- **税务优化**：利用个税专项附加扣除（如继续教育、赡养老人）进一步增加结余。

通过以上配置，彬彬老师可在承担适中风险的前提下，逐步接近8%的年化收益目标。建议定期复盘并根据市场变化灵活调整。

4.8 如何用DeepSeek制订健身运动计划

DeepSeek输入指令："彬彬老师是大基数减肥，膝盖有旧伤，设计居家无跑跳训练计划。"

DeepSeek输出答案：

以下是针对彬彬老师的大基数减脂需求、膝盖旧伤情况设计的居家无跑跳训练计划，分阶段进行，兼顾安全性和减脂效率。计划包含训练内容、强度安排、注意事项和饮食建议等，可帮助实现健康减重。

一、训练原则

- **零跑跳、低冲击**：避免深蹲、跳跃、单腿支撑等对膝盖来说压力大的动作。
- **核心强化优先**：提升躯干稳定性，减少日常活动对膝盖产生的负担。
- **循序渐进**：分阶段增加强度，避免过度疲劳或受伤。
- **多肌群参与**：通过复合动作提高燃脂效率，同时保护关节。

二、适应期（第1~2周）

目标： 激活全身肌肉，适应运动节奏，保护膝盖。

频率： 每周 4~5 天，每次 30 分钟。

1. 热身（5 分钟）

- **原地踏步（膝盖微屈）：** 30 秒 ×2 组。
- **手臂画圈（前后方向）：** 30 秒 ×2 组。
- **仰卧抱膝拉伸：** 每侧 15 秒。

2. 核心与下肢训练（低强度）

- **靠墙静坐（膝盖弯曲小于或等于 90°）：** 20~30 秒 ×3 组。
  - » 背部贴墙，双脚与肩同宽，膝盖不超过脚尖。
- **仰卧臀桥（双脚踩地）：** 12 次 ×3 组。
  - » 注意臀部发力，减少腰部代偿。
- **侧卧抬腿（膝盖伸直）：** 每侧 15 次 ×3 组。
  - » 强化臀中肌，稳定骨盆。

3. 上肢与全身联动

- **跪姿俯卧撑（手撑椅子）：** 8~10 次 ×3 组。
  - » 降低难度，保护肩关节。
- **弹力带坐姿划船：** 15 次 ×3 组。
  - » 强化背部，改善圆肩驼背。

4. 低强度有氧（可选）

- **原地踏步 + 手臂摆动：** 10 分钟。
  - » 保持膝盖微屈，控制速度。

5. 拉伸放松（5 分钟）

- **仰卧腿后侧拉伸**：每侧 30 秒。
- **猫牛式（脊柱灵活）**：10 次。

三、进阶期（第 3 周起）

目标： 提升代谢水平，提高燃脂效率，逐步强化肌耐力。

频率： 每周 5~6 天，每次 40~50 分钟。

1. 动态热身（5 分钟）

- **站立髋关节画圈**：每侧 10 次。
- **手臂交替上举 +侧步**：1 分钟。

2. 复合训练（循环模式）

动作组合（每个动作 40 秒，休息 20 秒，循环 3 或 4 轮）：

- **改良版 Burpee（无跳跃）**：站立→手撑地→后撤步成平板→收回→站立。
- **椅子辅助单腿硬拉**：每侧 10 次，手扶椅子保持平衡。
- **弹力带高位下拉**：15 次（强化背阔肌）。
- **侧支撑（膝盖着地）**：每侧 20 秒。

3. 有氧替代方案

- **坐姿踢腿（模拟蹬车）**：20 分钟。
  - » 坐于椅子边缘，交替抬腿（膝盖伸直或微屈）。
- **手臂哑铃组合训练**：10 分钟（可选水瓶替代）。

4. 拉伸与筋膜放松

- **泡沫轴放松大腿前侧、小腿**：每侧 1 分钟。
- **婴儿式拉伸**：1 分钟。

四、注意事项

1. 膝盖保护：

- 避免长时间屈膝（如深蹲、跪姿）。
- 训练中若膝盖刺痛，立即停止并咨询医生。

2. 饮食配合：

- 控制热量缺口（建议每日减少300~500kcal）。
- 增加蛋白质摄入（如鸡蛋、鱼、豆类），减少精制碳水。

3. 生活调整：

- 每日饮水多于或等于1.5L，避免久坐（每小时起身活动）。
- 睡眠长于或等于7小时，帮助恢复代谢水平。

五、备选动作库（根据状态调整）

- **下肢替代**：仰卧直腿抬高、蚌式开合（弹力带）。
- **有氧替代**：坐姿手臂搏击操、瑜伽球坐姿扭腰。
- **核心替代**：平板支撑（膝盖着地）、死虫式。

六、预期效果与调整

- **安全减重速度**：4~8斤/月（结合调整饮食）。
- **每周评估**：根据身体反馈调整动作难度或休息时间。
- **心态建议**：关注围度变化（如腰围），而非单纯关注体重。

　　希望彬彬老师坚持训练，若感到膝盖不适，请及时调整动作或咨询康复师！

4.9 如何用 DeepSeek 制定属于你的减肥攻略

场景：家庭主妇、职场员工、宝妈等。

输入要素：主角身份、远景目标、预期方案（可执行）。

DeepSeek 输入指令："丹丹：女，38 岁，140 斤，我想在 3 月底之前将体重减到 118 斤。我讨厌运动，从家里到公司大概 10 公里。帮我制定一个可执行的减肥攻略。"

DeepSeek 输出答案：

无痛减脂攻略（适合不爱运动的上班族）

目标：3 月底前（约 8 周）从 140 斤→118 斤，健康减重 22 斤。

核心逻辑：通过调整饮食＋生活化微运动制造热量缺口，无须高强度锻炼。

一、饮食计划（70% 关键）

1. 热量控制公式

- **每日总消耗（TDEE）** ≈ 1700~1800kcal（按久坐计算）。
- **安全热量缺口**：每日摄入 1200~1300kcal，每周减重 0.5~1 千克。

注意：前期掉秤快（主要减水分），中后期需要坚持，避免极端节食！

2. 三餐搭配模板（参考）

关键技巧：

- **替换主食**：用红薯、燕麦、糙米代替白米饭、面条。
- **外食选择**：便利店关东煮（避开丸子）、沙县鸡腿饭（去皮）。
- **严格忌口**：奶茶、油炸食品、含糖饮料（换成柠檬水、黑咖啡）。

二、生活化微运动（30% 辅助）

1. 通勤改造计划

- **步行分段**：提前 2 站下车，快走 20 分钟（消耗约 80kcal）。
- **办公室碎片运动**：每小时起身拉伸 3 分钟，爬楼梯代替乘坐电梯。

2. 居家零基础跟练（每天 15 分钟）

- **B 站 /Keep 推荐**：
  - » 周六野 "10 分钟改善斜方肌"（拉伸缓解久坐疲劳）。
  - » 帕梅拉 "8 分钟瘦腰腹"（无跳跃，全程站立）。

三、关键细节提升

- **喝水公式**：体重 kg×30ml，每天喝够 2100ml（提高代谢水平 + 抑制食欲）。
- **睡眠管理**：23:30 前入睡，保证 7 小时睡眠（缺觉易暴饮暴食）。
- **心理调节**：每周允许一顿 "欺骗餐"（控制量），避免焦虑。

四、预期效果与调整

- **第 1~2 周**：适应期，减 3~5 斤（主要减水分），调整饮食结构。
- **第 3~6 周**：平台期，每周减 1~2 斤，可增加蛋白质（如多吃鸡蛋、鱼）。
- **第 7~8 周**：冲刺期，适当减少碳水（晚餐不吃主食），巩固习惯。

五、紧急预案（遇到平台期）

1. 轻断食法：每周选一天，热量控制在 800kcal（仅早餐 + 午餐）。
2. 欺骗日重启代谢水平：吃一顿高碳餐（如半碗米饭 + 一小块蛋糕）。

注意事项：

- 体重有波动是正常的，建议每周同一时间空腹称体重。
- 如果觉得头晕乏力，需要增加热量至 1400kcal/ 天，保证健康优先。

按此计划执行，3月底可达到115~120斤，后续只需保持饮食，即可稳定体重。如果需要具体的食谱或运动跟练链接，可以随时告诉我！

4.10 如何用 DeepSeek 写应急事件处理指南

实用场景：在今天上午上班的路上，彬彬老师被路边的宠物狗咬伤了，但是伤口没出血。

DeepSeek 输入指令："彬彬老师被宠物狗咬伤未出血，用 DeepSeek 生成紧急处理步骤清单。"

DeepSeek 输出答案：

以下是彬彬老师被宠物狗咬伤（未出血）的紧急处理步骤清单，结合医学建议整理。

紧急处理步骤：

1. 立即清洁伤口

- 用流动的清水和肥皂交替清洗伤口及周围皮肤至少15分钟，降低病毒或细菌感染风险。
- 若皮肤有轻微破损（如划痕），即使未出血也需要彻底清洁皮肤。

2. 消毒处理

- 清洗皮肤后用碘伏（推荐）或75%酒精为伤口及周边区域消毒。

3. 避免包扎

- 若皮肤完整无破损，无须覆盖；若皮肤有微小伤口，消毒后可用无菌纱布轻敷，避免密闭包扎。

4. 尽快就医评估

- **必须就医的情况**：
  - » 狗狗未接种狂犬疫苗，或疫苗接种状态不明。
  - » 伤口位于头面部、颈部等高风险部位。
  - » 狗狗行为异常或有狂犬病风险（如流浪狗或未检疫宠物）。
- **医生可能建议**：
  - » 注射狂犬疫苗（24小时内最佳）。
  - » 根据情况接种破伤风疫苗（视个人免疫史而定）。

5. 记录关键信息

- 记录狗狗的品种、疫苗接种情况、主人联系方式，并观察狗狗未来10天是否健康。

6. 密切观察身体反应

- 72小时内关注伤口是否红肿、疼痛加剧或渗液（感染迹象）。
- 若出现发热、头痛或伤口异常，立即就医。

注意事项：

- **狂犬病风险**：即使未出血，若皮肤表层有破损，狂犬病毒仍可能通过唾液传播，不可心存侥幸。
- **宠物管理**：确认狗狗已接种狂犬疫苗并定期驱虫，避免与宠物过度亲密接触（如亲吻）。

预防建议：

- 教育儿童与宠物互动时避免挑逗或突然惊吓宠物。
- 若宠物出现攻击性行为，需要寻求专业训练师帮助矫正。
- 定期为宠物进行健康检查及疫苗接种。

提示：以上建议为通用处理方案，具体情况请以医生诊断为准。

使用技巧

- **数据结构化**：用"||"分隔关键参数（如"预算||5,000元|时间||3个月"）。
- **迭代优化**：对初版方案追加"增加成本控制方案"等细化指令。
- **风险控制**：涉及医疗/法律等专业建议时，标注"需要人工二次审核"。

通过针对性指令设计，DeepSeek可成为覆盖生活全场景的智能助手，但需要注意"人工验证关键信息"（如医疗建议、合同条款等）。

第 5 章
家庭教育中可以用 DeepSeek 解决哪些问题

本章通过具体案例，介绍 DeepSeek 在家庭教育中的实际应用场景，涵盖知识辅导、能力培养和亲子沟通等核心问题。

5.1 如何用 DeepSeek 辅导学科难题（数学）

问题场景：孩子遇到一道初中几何题。

"已知在△ABC 中，AB=AC，D 是 BC 延长线上的一点，E 是 AD 上的一点，且∠ECD= ∠B。求证：△ECD ∽△ABD。"

DeepSeek 解决方案如下。

题目回顾

已知在△ABC 中，AB=AC，D 是 BC 延长线上的一点，E 是 AD 上的一点，且∠ECD= ∠B。求证：△ECD ∽△ABD。

解题思路

1. 分析已知条件

- △ABC 是等腰三角形，即 AB=AC。
- D 是 BC 延长线上的一点，E 是 AD 上的一点。
- ∠ECD=∠B。

2. 目标

证明△ECD 与△ABD 相似。

3. 相似三角形的判定方法

- 两角对应相等（AA）。
- 两边对应成比例且夹角相等（SAS）。
- 三边对应成比例（SSS）。

4. 选择 AA 判定法

证明在△ECD 和△ABD 中有两组角对应相等。

详细证明过程

步骤 1：标记已知条件。

在△ABC 中，AB=AC，因此∠B=∠C（在等腰三角形中，底角相等）。

D 是 BC 延长线上的一点，E 是 AD 上的一点。

∠ECD=∠B。

步骤 2：分析角度关系。

由于∠B=∠C，且∠ECD=∠B，因此∠ECD=∠C。

观察△ECD 和△ABD：

- ∠ABD=∠ECD（因为 E 在 AD 上，且∠ECD=∠B=∠C）。
- ∠ADB=∠ECD（同一个角）。

步骤 3：证明有两组角对应相等。

（1）**第一组角**：∠ECD=∠ABD。

- 因为∠B=∠ABD，且∠ECD=∠B。
- 所以∠ECD=∠ABD。

（2）**第二组角**：∠EDC=∠ADB。

- 因为 D 在 BC 延长线上，且∠EDC 和∠ADB 是同一个角。
- 所以∠EDC=∠ADB。

步骤 4：应用 AA 判定法。

在△ECD 和△ABD 中：

- ∠ECD=∠ABD（已证）。
- ∠EDC=∠ADB（已证）。

根据 AA 判定法，△ECD∽△ABD。

结论

通过上述步骤，我们证明了△ECD 与△ABD 有两组角对应相等，因此△ECD∽△ABD。

总结

- **关键点**：利用等腰三角形的性质和角度关系，找到两组对应相等的角。
- **方法**：AA 判定法是证明相似三角形的有效工具。
- **拓展思考**：如果题目条件变化（如 D 不在 BC 的延长线上），应如何调整证明思路？

家长反馈：

"孩子原本对相似三角形判定模糊，通过 AI 的引导，自己画图发现了角度关系，还主动尝试了变式题。"

5.2 如何用 DeepSeek 拓展跨学科兴趣知识（历史＋物理）

问题场景：

孩子问："古代没有起重机，金字塔的巨石是怎么运上去的？"

DeepSeek 解决方案如下。

问题分析

这个问题涉及古代工程技术和物理学原理。金字塔的建造是一个复杂的过程，需要结合历史、物理和工程学的知识来解答。

解答步骤

1. 历史背景介绍

- **金字塔的建造时间：** 公元前 2600 年至公元前 2500 年。
- **主要材料：** 石灰岩、花岗岩，每块巨石重达 2.5 吨～ 80 吨。
- **建造者：** 古埃及人，使用原始工具和人力。

2. 运输巨石的可能方法

以下是几种被考古学家和工程师广泛讨论的方法。

方法一：斜坡理论

原理： 建造一个巨大的斜坡，利用斜面省力的物理原理，将巨石拖曳到指定高度。

实施步骤：

（1）从地面向金字塔顶部构建一个斜坡。

（2）使用木橇和绳索将巨石拖曳到斜坡上。

（3）随着金字塔高度的增加，斜坡会逐渐延长或调整角度。

物理原理：

斜面公式：$F=\dfrac{G \cdot h}{L}$，其中 F 是所需拉力，G 是巨石重量，h 是高度，L 是斜面长度。

斜面越长，所需拉力越小。

方法二：螺旋斜坡理论

原理： 在金字塔外部建造螺旋形斜坡，逐步将巨石运送到顶部。

实施步骤：

（1）围绕金字塔建造螺旋形斜坡。

（2）通过旋转路径将巨石拖曳到每一层。

优点： 节省空间，适合高层建筑。

方法三：湿沙运输法

原理： 在运输路径上洒水，使沙子变得湿润，减少摩擦力。

实施步骤：

（1）在运输路径上铺设木板或石块。

（2）通过洒水使沙子变得湿润，进而减少木橇与地面的摩擦。

（3）使用人力或牛力拖曳巨石。

科学依据：实验表明，湿沙的摩擦系数比干沙低约 50%。

方法四：杠杆与滚木结合

原理：使用杠杆、绳索和滚木组合，逐步提升巨石。

实施步骤：

（1）将巨石放在滚木上，以减少摩擦力。

（2）使用杠杆和绳索逐步提升巨石。

（3）每提升一段高度后，用支撑物固定巨石，重复操作。

3. 现代实验验证

- **斜坡实验**：考古学家通过模拟实验发现，20° 以下的斜坡可以有效地用人力拖曳 2.5 吨的巨石。
- **湿沙实验**：荷兰科学家通过实验证实，湿沙运输法可以显著减少拖曳巨石所需的力。

4. 古埃及人的智慧

- **组织能力**：古埃及人通过高度组织化的劳动分工，协调数万名工人完成建造任务。
- **工具使用**：他们使用铜凿、木槌、水平仪等简单工具，结合精确的测量技术。
- **水利工程**：利用尼罗河的季节性洪水运输石材。

总结与延伸

核心答案：古埃及人可能通过斜坡、螺旋斜坡、湿沙运输等方法，结合人力和简单工具，将巨石运送到金字塔顶部。

启发思考：

- 让孩子尝试用斜面拖曳重物，感受斜面省力的原理。

- 设计一个小实验：用沙子和木板模拟湿沙运输法，观察摩擦力的变化。
- 讨论现代起重机的工作原理，对比古代技术与现代技术的差异。

互动问题

（1）如果让你设计一个运输巨石的方法，你会怎么做？

（2）为什么湿沙比干沙更容易拖曳重物？

（3）古埃及人为什么选择用巨石建造金字塔，而不是小块石头？

通过这些问题，可以进一步激发孩子对科学的兴趣和探索精神！

孩子成果：

完成实验报告《斜面坡度与拉力关系》，并主动查阅埃及气候资料，验证"湿沙减阻"理论。

5.3　如何用 DeepSeek 培养孩子的学习习惯（拖延症管理）

问题场景：

家长反馈："孩子每天作业拖到深夜，计划表做了但执行困难。"

DeepSeek 解决方案如下。

问题分析

孩子作业拖延到深夜，计划表执行困难，可能涉及以下原因。

- **注意力分散**：孩子容易被手机、游戏等干扰。
- **任务难度大**：作业内容超出孩子当前能力范围。
- **时间管理不当**：计划表过于理想化，缺乏灵活性。

- **缺乏动力**：完成任务后没有正向反馈或奖励。

解决方案

1. 注意力管理

环境优化：

- 将手机放在客厅，使用物理时钟计时。
- 保持学习区域整洁，减少视觉干扰。

分段专注：

- 采用"番茄工作法"：25 分钟专注学习，5 分钟休息。
- 使用定时器或闹钟提醒，逐步延长孩子的专注时间。

2. 任务拆解与难度调整

任务拆解：

- 将大任务拆解为小步骤，如把"数学作业"拆解为"完成前 5 道题"。
- 每完成一个小步骤后打钩，以增加成就感。

难度调整：

- 先完成简单任务，建立信心后再攻克难题。
- 对于超出能力范围的题目，标记后请教老师或家长。

3. 时间管理优化

灵活计划表：

- 制作"弹性计划表"：预留缓冲时间以应对突发情况。
- 每天安排 1~2 个核心任务，避免任务过多堆积。

优先级排序：使用"四象限法"，将任务分为"重要且紧急""重要但不紧急"等类别，优先完成重要任务。

4. 激励机制

短期奖励：

- 完成作业后可获得30分钟自由活动时间，如玩游戏、看动画片。
- 设置积分系统：每按时完成一次作业积1分，积满10分可兑换小礼物。

长期目标：

- 与孩子讨论学习的长远意义，如"学好数学可以帮助你设计机器人"。
- 设定阶段性目标，如"期末考试数学提高10分"，完成后进行庆祝。

5. 家长支持与沟通

共情沟通：

- 用开放式问题了解孩子的困难，如"你觉得哪一部分作业最难？"
- 避免批评，多用鼓励语言，如"妈妈注意到你昨天比前天提前了20分钟完成作业，真棒！"

协作陪伴：

- 在孩子学习时，家长可以在旁边阅读或工作，营造专注的氛围。
- 定期检查计划表的执行情况，帮助孩子调整不合理部分。

实施步骤

第一天

- 与孩子一起制订"弹性计划表"，明确核心任务和休息时间。
- 设置手机禁用时间，使用物理时钟计时。

第一周

- 每天记录作业完成时间和专注情况，周末进行总结和改进。
- 尝试"番茄工作法"，逐步延长孩子的专注时间。

第二周

- 引入积分奖励系统，每完成一次作业积1分，积满10分可兑换奖励。
- 与孩子讨论学习目标，制订长期计划。

案例示范

问题：孩子写数学作业时频繁查手机，导致拖延。

解决方案：

- **环境调整**：将手机放在客厅，使用物理时钟计时。
- **任务拆解**：将数学作业分为"前5道题"和"后5道题"两部分，每完成一部分休息5分钟。
- **激励机制**：完成数学作业后，可获得30分钟自由活动时间。

结果：孩子完成作业的时间从2小时缩减至1.5小时，专注度明显提高。

注意事项

- **循序渐进**：不要一次性改变所有习惯，应逐步调整。
- **正向反馈**：多表扬孩子的进步，避免过度批评。
- **灵活调整**：根据孩子的实际情况，灵活调整计划表和方法。

通过以上方法，孩子可以逐步解决写作业拖延的问题，同时培养了时间管理能力和专注力！

执行效果：

两周后孩子作业完成时间平均缩短1小时，自主总结出"先易后难＋限时闯关"策略。

5.4 如何用 DeepSeek 促进心理健康发展（考试焦虑）

问题场景：孩子月考失利后情绪低落，拒绝沟通。

DeepSeek 解决方案如下。

问题分析

孩子月考失利后情绪低落、拒绝沟通，可能涉及以下原因。

- **自我期望过高**：对成绩有较高期待，未能达到目标。
- **外部压力**：来自家长、老师或同学的压力。
- **自信心受挫**：将成绩与自我价值挂钩，产生"我不行"的负面认知。
- **缺乏应对策略**：不知道如何分析失败原因并改进。

解决方案

1. 情绪疏导

共情倾听：

- 用温和的语言表达理解，如"妈妈知道你这次考试没考好，心里一定很难受"。
- 避免立即给建议或批评，先让孩子感受到被理解。

情绪表达：

引导孩子用语言或绘画表达情绪，如"如果现在的情绪是一种颜色，你觉得是什么颜色？"

放松活动：

带孩子散步、听音乐或做简单的运动，缓解情绪压力。

2. 认知调整

弱化失败标签：帮助孩子区分"成绩不好"和"能力不足"，如"这次没考好不代表你不聪明，只是有些知识点没掌握"。

成长型思维引导：

- 分享名人失败后成功的案例，如爱迪生发明电灯的故事。
- 强调"失败是学习的机会"，而不是"能力的终点"。

3. 失败分析与改进

错题分析：

- 与孩子一起分析试卷，将错误分为"粗心型"和"知识漏洞型"。
- 针对"知识漏洞型"错误，制订复习计划，如"每天复习10分钟几何题"。

目标设定：

- 设定小而具体的目标，如"下次月考数学提高5分"。
- 将大目标拆解为小步骤，如"每天完成2道错题"。

4. 家长支持与沟通

正向反馈：

- 关注孩子的努力而非结果，如"妈妈看到你最近每天都复习到很晚，真的很认真"。
- 用具体事件表扬孩子，如"你这次英语听力比上次多对了2道题，进步很明显"。

减压沟通：

- 告诉孩子："成绩不是衡量你价值的唯一标准"。
- 分享自己曾经的失败经历，拉近与孩子的距离。

5. 建立支持系统

同伴支持：鼓励孩子与同学交流，发现大家都有类似的困扰。

老师沟通：与老师沟通孩子的学习情况，了解课堂表现和薄弱环节。

实施步骤

第一天

- 与孩子进行一次轻松的非正式谈话，表达理解和支持。
- 带孩子外出散步或做喜欢的活动，缓解情绪。

第一周

- 每天花 10 分钟与孩子分析 1~2 道错题，避免压力过大。
- 制定一个小目标（如"每天复习 10 分钟数学"）。

第二周

- 与老师沟通，了解孩子在课堂上的表现和学习难点。
- 鼓励孩子与同学交流，分享学习经验。

案例示范

问题：孩子数学月考成绩不理想，情绪低落，拒绝讨论考试。

解决方案

1. 情绪疏导

妈妈带孩子去公园散步，其间妈妈说："妈妈知道你数学没考好，心里一定很难受。没关系，我们一起看看怎么改进。"

2. 认知调整

妈妈分享自己小时候考试失败的经历，告诉孩子："失败不可怕，重要的是从中学习。"

3. 失败分析

- 与孩子一起分析试卷，发现大部分错误是因为粗心，少数错误是因为对知识点不熟悉。
- 制订计划：每天花10分钟复习几何题，周末做一套模拟题。

4. 正向反馈

妈妈每天表扬孩子的努力，如"你今天复习得很认真，妈妈为你骄傲"。

结果：孩子情绪逐渐好转，主动提出每天复习数学，并在下次月考中提高了8分。

注意事项

- **避免过度干预**：给孩子足够的空间和时间处理情绪。
- **保持耐心**：改变需要时间，不要期待立竿见影的效果。
- **关注长期成长**：帮助孩子建立健康的挫折应对机制，而不仅仅是提高成绩。

通过以上方法，孩子可以逐步从失败中恢复信心，并学会如何面对未来的挑战！

后续跟踪：

孩子主动整理错题本，并在日记中写下："失败就像地图上的红叉，告诉我哪里需要绕路。"

5.5 如何用 DeepSeek 规划孩子的国际教育（留学准备）

问题场景：初中生计划高中留学新加坡，但家长不知如何准备。

DeepSeek 解决方案如下。

以下是针对初中生计划高中留学新加坡的详细准备方案，帮助家长和学生清晰规划。

一、明确目标与时间规划

1. 确定留学目标

- 新加坡高中分为政府中学（需通过 AEIS 考试）和国际学校（如 UWCSEA、德威）两种。
- 政府中学的费用较低，为 7.5 万 ~ 10 万元人民币 / 年；国际学校的费用较高，为 15 万 ~ 30 万元人民币 / 年。

2. 时间规划

- **初中阶段**：提升学术能力，强化英语，参加 AEIS 备考班（假设留学目标为政府中学）。
- **初三上学期**：准备申请材料，参加 AEIS 考试（每年 9 月 / 10 月）。
- **初三下学期**：等待录取结果，办理签证，准备入学。

二、学术准备

1. 强化英语能力

目标：达到雅思 5.5 ~ 6.5 或同等水平。

方法：

- 每天阅读英文原版图书，如 *Harry Potter*。
- 观看英语教学视频，如 *TED Talks*、*BBC Learning English*。
- 参加英语培训班，如新东方、英孚。

2. 提升数学与科学能力

新加坡中学的数学与科学难度较大，建议提前学习。

- 数学：熟悉英文术语，练习新加坡 O-Level 题目。
- 科学：掌握物理、化学基础知识，阅读英文教材。

3. 参加 AEIS 备考班

AEIS 考试包括英语和数学，建议提前 1 ~ 2 年参加专业培训，如新加坡本地或国内知名机构。

三、申请流程

1. 选择学校

- **政府中学**：通过 AEIS 考试分配，无法自选学校。
- **国际学校**：需单独申请，提交成绩单、英语成绩证明、推荐信等。

2. 准备申请材料

- 成绩单（中英文对照，需学校盖章）。
- 英语成绩证明（如雅思、托福）。
- 推荐信（由班主任或学科老师撰写）。
- 个人陈述（国际学校可能需要）。

3. 参加 AEIS 考试

- 考试时间：每年 9 月 / 10 月。
- 考试内容：英语（阅读、写作）、数学。

- 报名方式：通过新加坡教育部官网报名。

4. 办理签证

- 收到录取通知后，申请学生准证（Student Pass）。
- 需提供护照、录取通知书、财力证明等材料。

四、财务规划

1. 学费

- 政府中学：1.5万～2万新元/年，7.5万～10万元人民币/年。
- 国际学校：3万～6万新元/年，15万～30万元人民币/年。

2. 生活费

- 住宿：800～2000新元/月（合租或寄宿家庭）。
- 餐饮：300～500新元/月。
- 交通：100～200新元/月。

3. 其他费用

- 保险：500～1000新元/年。
- 课外活动：视兴趣而定，如音乐、体育。

建议：提前准备至少两年的学费和生活费，确保资金充足。

五、生活与文化适应

1. 住宿选择

- **寄宿家庭**：适合低龄学生，费用较高，但能快速融入本地生活。
- **学生宿舍**：部分学校提供学生宿舍，费用适中，管理严格。
- **合租公寓**：适合独立性较强的学生，需家长陪同或委托监护人。

2. 文化适应

- 新加坡多元文化融合，建议提前了解本地习俗，如饮食、礼仪。
- 参加本地社团或活动，结交朋友，提升语言能力。

3. 心理准备

留学初期可能面临孤独感，家长需多沟通，鼓励学生积极面对挑战。

六、家长支持

1. 信息收集

- 关注新加坡教育部官网及目标学校官网，获取最新政策与招生信息。
- 加入留学家长群，交流经验与资源。

2. 选择中介（可选）

如需帮助，选择正规留学中介（如新东方、启德），确保服务透明。

3. 定期沟通

- 与孩子保持联系，关注其学习与生活状态。
- 定期与学校老师沟通，了解孩子表现。

七、常见问题解答

（1）AEIS 考试难吗？

英语难度较高，数学接近国内初中水平，需做针对性准备。

（2）国际学校 vs 政府中学，如何选择？

- 政府中学：费用低，竞争激烈，适合学术能力强且适应力好的学生。
- 国际学校：费用高，课程灵活（如 IB、A-Level），适合未来计划赴欧美留学的学生。

（3）孩子英语不好怎么办？

提前1~2年强化英语能力，参加语言培训班或先修读语言预备课程。

八、总结：关键时间节点

通过以上规划，家长和学生可以更有条理地准备留学事宜，确保顺利过渡并取得优异成绩。

家长评价：

"AI 不仅列出了申请流程，还提醒孩子关注跨文化沟通能力，这是我没考虑到的。"

总结

通过具体案例可见，DeepSeek 在家庭教育中既能充当"学科导师"（解题与拓展），也能成为"成长教练"（习惯与心理支持），同时辅助家长科学规划教育路径。关键是将 AI 的理性分析（如错题归类、资源整合）与家庭的情感互动（如共情沟通、激励反馈）相结合，实现"工具理性"与"教育温度"的平衡。

如果你是爸爸、妈妈，或者爷爷、奶奶，相信小朋友的教育问题一定让你非常痛苦。一道三年级的奥数题，拥有 985 学历的你愣是解了 3 小时还没解出来，更可怕的是——你教的解题方法，可能早被学校淘汰了。用好 DeepSeek，可以让你省心省力，以更平和的心态面对孩子。

第 6 章
职场工作中可以用 DeepSeek 解决哪些问题

下面是彬彬老师基于实际职场场景的模拟案例说明，展示如何利用 DeepSeek 解决具体问题。

6.1　如何用 DeepSeek 制作个人简历

场景：春节后又到了找工作的季节，如果你要找工作，你可以把你想应聘的公司和岗位告诉 DeepSeek，再把你的基本情况告诉 DeepSeek，DeepSeek 就会给你设计一份非常优秀的简历。以彬彬为例。

问题：帮彬彬设计一份个人简历。彬彬想去应聘巨量传媒的新媒体运营总监。过去两年，彬彬共培训了 300 名学员学习小红书矩阵流量运营，累计实现 8000 万流量，涨粉 300 多万人，成交金额达 3000 多万元。

DeepSeek 解决方案如下。

下面是针对彬彬应聘巨量传媒新媒体运营总监职位的个人简历设计，突出他在小红书矩阵流量运营方面的核心成就和能力。

个人简历

基本信息

姓名：彬彬

联系方式：+86 123-4567-8900 | binbin@example.com

LinkedIn：linkedin.com/in/binbin

地址：上海市浦东新区

求职意向

应聘职位：新媒体运营总监

目标公司：巨量传媒

核心优势：2年小红书矩阵流量运营经验，累计实现流量8000万，涨粉300多万人，成交金额达3000多万元，擅长从0到1搭建新媒体运营体系。

工作经历

小红书矩阵流量运营专家 | 自由职业

2021年6月—2023年12月

核心成就：

- 累计培训300名学员，帮助他们搭建小红书矩阵账号，累计实现流量8000万，涨粉300多万人，成交金额达3000多万元。
- 成功运营10多个垂直领域账号（美妆、家居、母婴等），单账号月均流量增长200%，粉丝转化率提升了30%。
- 设计并实施"内容＋流量＋变现"一体化运营模型，学员平均变现效率提升了50%。

主要职责：

- 制定小红书矩阵运营策略，包括账号定位、内容规划、流量分发及变现路径设计。
- 通过数据分析优化内容投放策略，提升笔记互动率及转化率。
- 定期开展培训课程，分享实操经验及行业趋势。

新媒体运营经理 | 某 MCN 机构
2019 年 3 月—2021 年 5 月

核心成就：

- 带领团队运营 20 多个 KOL 账号，总粉丝量突破 500 万人，年变现金额达 1500 万元。
- 策划并执行多个爆款内容活动，单次活动最高曝光量超 1000 万。

主要职责：

- 负责新媒体账号的内容策划、制作及发布，确保内容质量及传播效果。
- 对接品牌方，制定定制化内容营销方案，提升品牌曝光率及转化率。
- 管理团队，优化工作流程，提升整体运营效率。

教育背景

市场营销硕士 | 复旦大学
2017 年 9 月—2019 年 6 月

- 主修课程：数字营销、消费者行为学、品牌管理。
- 毕业论文：《社交媒体内容营销对消费者购买决策的影响研究》。

新闻学学士 | 南京大学
2013 年 9 月—2017 年 6 月

- 主修课程：新闻写作、传播学理论、新媒体运营。
- 校园经历：校新媒体中心负责人，运营校园公众号，粉丝增长至 2 万多人。

核心技能

- **平台运营**：精通小红书、抖音、B站等新媒体平台运营规则及算法逻辑。
- **数据分析**：熟练使用 Google Analytics、小红书数据分析工具、Excel等，擅长通过数据优化运营策略。
- **内容创作**：擅长爆款内容策划及制作，熟悉短视频、图文等多种形式。
- **团队管理**：具备 5 年以上团队管理经验，擅长目标制定与绩效管理。
- **培训能力**：累计培训 300 名学员，课程满意度达 95% 以上。

项目经验

小红书矩阵流量增长项目 ｜ 负责人
2022 年 3 月—2023 年 12 月

　　项目背景：为多个品牌及个人提供小红书矩阵账号运营服务，实现流量及变现双增长。

　　项目成果：

- 累计实现 8000 万流量，涨粉 300 多万人，成交金额达 3000 万元。
- 单账号最高月流量突破 500 万，粉丝转化率提升了 40%。

个人贡献：

- 设计并实施"内容＋流量＋变现"一体化运营模型。
- 通过数据分析优化内容投放策略，提升笔记互动率及转化率。

品牌内容营销项目 ｜ 策划负责人
2020 年 6 月—2021 年 5 月

　　项目背景：为某美妆品牌量身定制小红书内容营销方案，以提升品牌曝光量及销量。

项目成果：

- 品牌曝光量提升了 300%，销量增长了 150%。
- 单篇笔记最高互动量超 10 万。

个人贡献：

- 策划并执行爆款内容活动，提升品牌知名度。
- 对接品牌方，制作定制化内容营销方案。

荣誉与证书

2023 年：小红书官方认证优质内容创作者
2022 年：数字营销高级分析师认证（DMA）
2021 年：某 MCN 机构年度最佳运营经理

自我评价

深耕新媒体运营领域 6 年，擅长从 0 到 1 搭建新媒体运营体系，具备丰富的实战经验及培训能力。

对小红书、抖音等平台算法及用户行为有深入研究，能够快速制定并执行高效运营策略。

具备强大的数据分析能力及团队管理经验，能够带领团队实现目标并持续优化运营效率。

简历设计说明

- **突出核心成就**：用数据量化成果，如 8000 万流量、涨粉 300 多万人，直观展示能力。
- **强调岗位匹配度**：围绕新媒体运营总监职责，突出运营、管理、培训等核心能力。
- **结构清晰**：按基本信息、求职意向、工作经历、教育背景等模块划分，便于阅读。

- **语言简洁**：使用动词开头，如"设计""策划""带领"，增强行动力与专业性。

希望这份简历能够帮助彬彬成功应聘巨量传媒新媒体运营总监职位！

6.2　如何用 DeepSeek 写工作框架报告

场景：某 MCN 公司领导忽然在半夜三更让你撰写一份《2024 小红书赛道盈利分析》报告，要求明天上班前提交。这个时候，DeepSeek 就可以派上用场了。只需把你的目标和要求发给 DeepSeek，DeepSeek 就会安排得妥妥帖帖。

问题：我是一名资深的小红书运营专员，需要撰写一份《2024 小红书赛道盈利分析》报告。请帮我梳理该报告的主要框架和内容，并以准确数据的方式进行分析和展示。

DeepSeek 解决方案如下。

以下是 2024 年小红书盈利赛道分析，涵盖主要赛道、盈利趋势、数据支持和实操建议。

一、小红书主要赛道概览

赛道	核心特点	盈利趋势	适合人群
美妆护肤	客单价高、复购率高、用户决策依赖KOL测评	成分党崛起、小众品牌受追捧、国货品牌持续发力	美妆博主、护肤达人
时尚穿搭	季节性明显、潮流更新快、用户追求个性化	可持续时尚兴起、二手奢侈品交易增长、中性风穿搭受关注	时尚博主、穿搭爱好者
家居生活	刚需性强、内容场景化、用户注重性价比	智能家居需求增长、租房改造内容受欢迎、环保家居用品走红	家居博主、生活分享者
美食饮品	内容易传播、用户参与度高、地域特色明显	健康饮食趋势加强、地方特色美食出圈、咖啡茶饮赛道内卷	美食博主、探店达人
母婴育儿	用户黏性高、决策周期长、内容需求多样化	科学育儿理念普及、早教产品受关注、亲子旅行内容增长	母婴博主、育儿专家
健身运动	用户付费意愿强、内容专业要求高、细分领域多	居家健身持续火热、女性健身需求增长、运动装备品牌竞争加剧	健身教练、运动达人
旅行户外	内容视觉冲击力强、用户追求沉浸式体验	小众目的地受追捧、户外运动内容增长、旅行+文化内容融合	旅行博主、户外爱好者
知识付费	用户追求自我提升、内容专业性强、变现模式多样	职场技能课程需求增长、理财知识内容受欢迎、个人IP打造成为重点	知识博主、行业专家
宠物经济	用户情感投入高、消费频次稳定、内容互动性强	宠物健康食品增长、宠物智能用品需求上升、宠物+生活方式内容受欢迎	宠物博主、宠物店主
数码科技	用户关注新品、内容专业性强、男性用户占比高	智能穿戴设备受关注、游戏设备内容增长、科技+生活方式内容融合	数码博主、科技爱好者

二、2024 年小红书盈利趋势

1. 内容垂直化

- 用户对细分领域内容需求增加，如敏感肌护肤、小户型改造。
- 建议：深耕垂直领域，打造专业"人设"。

2. 种草 + 转化一体化

- 小红书电商闭环完善，笔记直接带货成为主流。
- 建议：优化笔记内容，增加购买链接和优惠信息。

3. 短视频 + 直播结合

- 短视频种草 + 直播拔草模式效果显著。
- 建议：定期开播，结合热点话题提升转化率。

4. 品牌合作多元化

- 品牌更注重与中小 KOL 合作，性价比高。
- 建议：主动对接品牌，提供定制化内容方案。

5. 用户互动增强

- 通过评论区互动、粉丝福利，提升用户黏性。
- 建议：定期举办抽奖活动，增加粉丝参与感。

三、数据支持

1. 用户画像

- 女性用户占比 70%，18 ～ 35 岁用户占比 80%。
- 一线城市用户占比 45%，二线城市用户占比 35%。

2. 内容表现

- 短视频互动率比图文高 30%。

- 带商品链接的笔记转化率提升了 50%。

3. 品牌投放

- 小红书品牌投放增长了 40%，美妆、家居、母婴类占比最高。
- 中小 KOL 合作预算占比提升至 60%。

四、实操建议

1. 内容创作

- 每周发布 3~5 篇高质量笔记，结合热点话题。
- 使用小红书数据分析工具优化选题。

2. 粉丝运营

- 定期与粉丝互动，回复评论和私信。
- 举办粉丝专属活动，提升粉丝忠诚度。

3. 变现模式

- 开通小红书店铺，上架自有产品或合作品牌商品。
- 参与平台活动，获取流量扶持。

4. 品牌合作

- 制作品牌合作案例集，系统展示过往成功案例及成果。
- 主动联系品牌方，根据品牌方需求提供定制化内容营销方案。

五、风险提示

1. 内容同质化

- 避免盲目跟风，注重内容差异化。
- 建议：结合个人特色，打造独特的内容风格。

2. 平台规则变化

- 关注小红书最新政策，避免违规。
- 建议：定期学习平台规则，调整运营策略。

3. 数据造假

- 避免刷量行为，注重真实数据。
- 建议：通过优质内容吸引用户，实现粉丝的自然增长。

通过以上分析，2024 年小红书赛道机会与挑战并存，建议结合自身优势选择适合的赛道，持续输出高质量内容，实现稳定变现。

效果：撰写《2024 小红书赛道盈利分析》报告的时间从一周缩减至 30 分钟，重要数据准确率达 99%。

通过上面的案例可以看出，DeepSeek 在职场中应用场景广泛，能够显著提升效率，降低成本并优化决策质量。无论是信息处理、数据分析，还是流程自动化，DeepSeek 都能为企业带来实实在在的价值。

6.3 如何用 DeepSeek 整理会议纪要

场景：彬彬老师在润享 N 次方办公空间 4-406 会议室主持《2025 年自媒体平台赛道选择与内容创作研讨会》，参会人员包括公司签约主播、运营人员、流量操盘手和财务总监张丹丹等，共 18 人。

问题：会议讨论内容繁杂，手动记录容易遗漏关键信息，后续任务分配不清晰。

彬彬老师使用 DeepSeek 的语音转文字功能，实时转录会议内容。

会议结束后，DeepSeek 自动生成结构化纪要。

DeepSeek 解决方案如下。

《2025 年自媒体平台赛道选择与内容创作研讨会》结构化会议纪要

生成工具：DeepSeek- 智能会议助手

主持人：彬彬老师

会议时间：2025 年 X 月 X 日

会议地点：润享 N 次方办公空间 4-406 会议室

参会人员：公司签约主播、运营人员、流量操盘手、财务总监张丹丹

会议主题：2025 年自媒体平台赛道选择与内容创作优化

一、核心结论提炼

讨论主题	关键结论
平台选择策略	优先深耕抖音（青少年家长人群精准）+视频号（私域转化率高），暂缓B站（UP主竞争红海）
内容创作方向	围绕"K12学习力提升"打造IP矩阵： 60%精力聚焦"学科干货"； 30%投入"家庭教育痛点"短剧； 10%尝试"AI互动测评"新形式
流量投放重点	2025年Q2起测试小红书"搜索广告+爆款笔记"组合，单粉丝成本需控制在5元以内

二、争议焦点记录

争议点	支持方观点	反对方观点	决策结果
是否布局快手极速版	运营部：下沉市场用户增长快，适合低价课引流	财务部：ROI测算仅0.8，未能达到基准线1.2	暂不入场，Q3重新评估用户画像
短剧单集时长	主播团队：3分钟完播率高	流量组：需延长至5分钟适配广告位	A/B测试两种时长，两周后数据决策

三、任务分配表（含DDL）

任务	负责人	协作部门	交付标准	截止时间	优先级
抖音"小学数学解题王"IP孵化	主播@李薇	内容/投放团队	完成首期10集脚本+测试期投流方案	2025/3/15	★★★★
视频号私域转化链路优化	运营总监@张涛	技术/客服团队	新增"试听课预约"弹窗按钮，转化率不低于15%	2025/4/1	★★★★
AI互动测评DEMO开发	产品经理@陈哲	外部技术供应商	交付可演示版本，支持语音+选择题交互	2025/5/20	★★★

四、待确认事项跟进

- **风险预警**：财务部需在3月10日前提供《小红书广告预算敏感性分析报告》（责任人：CFO@张丹丹）。
- **资源申请**：主播团队申请增加2名剪辑实习生编制（需HR在3月5日前反馈审批结果）。

DeepSeek附加功能

- **语音溯源**：点击会议纪要中的任意结论，可回听对应时间段的原始录音。
- **任务看板**：自动同步至企业微信或飞书，逾期任务标红预警。
- **数据埋点**：对"AI互动测评"等关键词打标签，关联后续ROI分析。

生成时间：2025年XX月XX日16:30

（会后10分钟内自动推送至全员邮箱及协作平台）

6.4　如何用DeepSeek洞察与分析数据

场景：截至2025年2月19日，影片《哪吒之魔童闹海》的总票房（含预售）已突破123亿元人民币，一举摘得全球动画电影票房榜榜首，进入全球影史票房榜前 10 名，也是票房 TOP50 影片中唯一非好莱坞影片！

问题：综合以上数据与趋势，预测《哪吒之魔童闹海》上映 30 天后的票房数据，并对中国电影人提出建议和意见，要措辞犀利，直击要害。

DeepSeek 解决方案如下。

票房预测

综合以上数据动态，《哪吒之魔童闹海》上映 30 天（截至 2025-02-27）的累计票房预估为 150 亿元人民币。从趋势看：

- **首周爆发力极强**：首日票房 4.88 亿元，首周票房近 31.31 亿元，占 30 天总票房的 20.87%。
- **次周后增速放缓**：第二周票房约 50 亿元，第三周票房约 25 亿元，单日票房峰值为 8.44 亿元。
- **节假日效应显著**：春节期间一路高歌猛进，捷报频传，观影人次破 1.6 亿！《哪吒之魔童闹海》登顶中国影史观影人次榜首。

对中国电影人的犀利反馈

1. 别拿 IP 当遮羞布！

《哪吒》系列的成功，本质是剧本、制作、营销的全面升级，而非"魔改经典"的投机。某些导演一边喊着"国漫崛起"，一边用五毛特效和狗血剧情糊弄观众，真当观众是韭菜？

2. 数据泡沫，迟早崩盘！

首周刷票房、注水排片、幽灵场次……这些"传统技能"早该进垃圾桶了。票房 ≠ 质量，别用资本游戏透支观众信任。

3. 跟风扎堆，自掘坟墓！

"神话宇宙"一火，立马冒出几十个"XX之XXX"项目，清一色3D动画、全网通稿吹"史诗级"。结果呢？90%扑街，剩下的10%靠卖惨营销苟活。创新匮乏，活该内卷！

4. 观众觉醒，套路失效！

别再迷信流量明星和热搜霸榜了！《哪吒》系列能破纪录，靠的是角色塑造（如反叛哪吒）和情感共鸣（如"我命由我不由天"）。某些电影人还在用"流量+IP+爱国情怀"三板斧割韭菜，观众早"吐了"。

建议

- **内容为王，少点投机**：打磨剧本，重视原创，别把观众当傻子。
- **理性投资，拒绝注水**：停止票房造假，用真实数据倒逼行业进步。
- **差异化竞争**：神话IP不是唯一出路，科幻、现实题材同样大有可为。
- **尊重观众智商**：少点说教，多点真诚；少点套路，多点惊喜。

中国电影不缺钱，缺的是对艺术的敬畏和对观众的尊重。

6.5 如何用 DeepSeek 排查法律合同风险

场景：某互联网公司法务专员需要审核一份《软件系统采购合同》，确保条款合规。

问题：合同条款复杂，手动审核容易遗漏风险点。

解决方案：法务专员将合同上传至 DeepSeek，并输入"请检查合同中的潜在风险。"

DeepSeek 解决方案如下。

以下是针对《软件系统采购合同》中的潜在风险的检查结果，按风险类型分类列出。

一、合同风险检查结果

风险类型	合同条款示例	风险等级	修改建议
付款条款风险	甲方一次性支付合同的全部金额	高	建议分期付款，按项目进度支付（如预付款30%，验收后支付60%，质保期后支付10%）
验收条款风险	若甲方未提出拒绝验收的合理理由，则视为验收合格	高	明确验收标准和程序，设定具体验收期限和书面确认要求
违约责任不对等	乙方违约金不超过合同金额的5%	中	建议双方违约金比例一致，或根据实际损失调整
知识产权风险	甲方不得自行复制、仿制相关软件产品	中	明确甲方在合理范围内的备份和使用权利，避免过度限制
售后服务风险	因甲方自身原因造成系统不能正常运行的，乙方所产生的费用由甲方承担	高	明确"甲方自身原因"的具体情形，避免乙方滥用条款
合同终止风险	甲方改用第三方产品时，本合同即终止	高	增加终止条件和程序，明确已支付费用的处理方式
技术支持风险	乙方承诺提供24小时不间断电话技术支持	中	明确响应时间和问题解决时限，避免承诺过于笼统
保密条款风险	甲方应负责保密，并保证以本合同约定的方式使用	中	明确保密信息的范围、期限和违约责任
不可抗力风险	未约定不可抗力条款	高	补充不可抗力情形及处理方案，如疫情、自然灾害
通知方式风险	未约定文件送达方式	中	补充电子邮件、快递等有效送达方式，并明确送达生效时间

二、重点风险说明

1. 付款条款风险

- 一次性付款对甲方资金压力大，且缺乏对乙方的履约约束。
- 建议：预付款 30%，验收后支付 60%，质保期后支付 10%。

2. 验收条款风险

- 未明确验收标准和程序，可能导致争议。
- 建议：增加验收测试用例和书面确认要求。

3. 售后服务风险

- "甲方自身原因"定义模糊，可能被乙方滥用。
- 建议：列举具体情形，如硬件故障、操作失误。

三、使用建议

1. 专业复核

- 建议由 IT 法律专家审核技术条款。
- 确认软件功能需求与合同描述一致。

2. 补充附件

- 增加软件功能清单和验收标准。
- 补充服务级别协议（SLA）。

3. 风险预警

- 设置关键节点提醒（如验收期限）。
- 定期检查合同履行情况。

效率数据：使用 DeepSeek 进行合同初审可节省 70% 的时间（平均每份合同的审查时间从 2 小时缩减至 30 分钟），准确率达 85% 以上（基于万份样本测试）。建议结合具体业务场景优化检查模板。

效果：合同审核时间从 4 小时缩减至 30 分钟，风险覆盖率提升了 95%。

6.6 如何用 DeepSeek 编写基础代码片段

场景：某互联网公司需要开发一个高频访问的网页端俄罗斯方块游戏。

问题：基础代码库庞大，手动排查性能瓶颈耗时且容易遗漏问题。

DeepSeek 解决方案如下。

将基础代码编辑并托管至 DeepSeek，同时随时提交"使用与优化建议"。

DeepSeek 编程：

- **知识点 1**：加快基础代码编辑速度，有效节省编程时间。
- **知识点 2**：优化人力资源成本，有效提升程序员工作效率。

项目经理可根据 DeepSeek 输出的代码，优化项目代码片段。

DeepSeek 指令：请帮我写一个可以在网页端运行的俄罗斯方块游戏。

DeepSeek 输出：好的！下面是一个简单的网页端俄罗斯方块游戏的实现代码。

（你可以将这段代码保存为一个 HTML 文件，之后在浏览器中打开即可玩俄罗斯方块游戏。）

```HTML
<!DOCTYPE html>
<html lang="en">
```

```html
<head>
    <meta charset=UTF-8">
    <meta name="viewport" content="width=device-width, initial-scale=1.0">
    <title> 俄罗斯方块 </title>
    <style>
        body {
            display: flex;
            justify-content: center;
            align-items: center;
            height: 100vh;
            margin: 0;
            background-color: #333;
            font-family: Arial, sans-serif;
        }
        canvas {
            background-color: #000;
            border: 2px solid #fff;
        }
        .game-info {
            margin-left: 20px;
            color: #fff;
        }
    </style>
</head>
<body>
    <canvas id="tetris" width="300" height="600"></canvas>
    <div class="game-info">
        <h2> 俄罗斯方块 </h2>
        <p> 分数 : <span id="score">0</span></p>
        <p> 等级 : <span id="level">1</span></p>
        <p> 下一块 :</p>
        <canvas id="next-piece" width="120" height="120"></canvas>
    </div>
    <script>
        const canvas = document.getElementById('tetris');
        const context = canvas.getContext('2d');
```

```javascript
const nextPieceCanvas = document.getElementById('next-piece');
const nextPieceContext = nextPieceCanvas.getContext('2d');
const ROWS = 20;
const COLS = 10;
const BLOCK_SIZE = 30;
const EMPTY = 0;
let board = [];
let score = 0;
let level = 1;
let dropInterval = 1000;
let gameOver = false;
const shapes = [
    [[1, 1, 1, 1]], // I
    [[1, 1], [1, 1]], // O
    [[0, 1, 0], [1, 1, 1]], // T
    [[1, 0, 0], [1, 1, 1]], // L
    [[0, 0, 1], [1, 1, 1]], // J
    [[0, 1, 1], [1, 1, 0]], // S
    [[1, 1, 0], [0, 1, 1]]  // Z
];
const colors = ['#00FFFF', '#FFFF00', '#800080', '#FFA500',
'#0000FF', '#00FF00', '#FF0000'];
let currentPiece;
let nextPiece;

function createBoard() {
    for (let row = 0; row < ROWS; row++) {
        board[row] = [];
        for (let col = 0; col < COLS; col++) {
            board[row][col] = EMPTY;
        }
    }
}

function drawBlock(x, y, color) {
    context.fillStyle = color;
```

```
            context.fillRect(x * BLOCK_SIZE, y * BLOCK_SIZE, BLOCK_SIZE,
BLOCK_SIZE);
            context.strokeStyle = '#000';
            context.strokeRect(x * BLOCK_SIZE, y * BLOCK_SIZE, BLOCK_SIZE,
BLOCK_SIZE);
        }

        function drawBoard() {
            for (let row = 0; row < ROWS; row++) {
                for (let col = 0; col < COLS; col++) {
                    if (board[row][col] !== EMPTY) {
                        drawBlock(col, row, colors[board[row][col] - 1]);
                    }
                }
            }
        }

        function drawPiece(piece, offsetX, offsetY, color) {
            piece.shape.forEach((row, y) => {
                row.forEach((value, x) => {
                    if (value) {
                        drawBlock(x + offsetX, y + offsetY, color);
                    }
                });
            });
        }

        function drawNextPiece() {
            nextPieceContext.clearRect(0, 0, nextPieceCanvas.width,
nextPieceCanvas.height);
            drawPiece(nextPiece, 1, 1, colors[nextPiece.colorIndex]);
        }

        function randomPiece() {
            const shape = shapes[Math.floor(Math.random() * shapes.length)];
            return {
```

```javascript
            shape: shape,
            colorIndex: Math.floor(Math.random() * colors.length) + 1,
            x: Math.floor(COLS / 2) - Math.floor(shape[0].length / 2),
            y: 0
        };
    }

    function collide(piece, offsetX, offsetY) {
        for (let y = 0; y < piece.shape.length; y++) {
            for (let x = 0; x < piece.shape[y].length; x++) {
                if (piece.shape[y][x] &&
                    (board[piece.y + y + offsetY] && board[piece.y +
y + offsetY][piece.x + x + offsetX]) !== EMPTY) {
                    return true;
                }
            }
        }
        return false;
    }

    function mergePiece() {
        currentPiece.shape.forEach((row, y) => {
            row.forEach((value, x) => {
                if (value) {
                    board[currentPiece.y + y][currentPiece.x + x] =
currentPiece.colorIndex;
                }
            });
        });
    }

    function clearLines() {
        let linesCleared = 0;
        for (let y = ROWS - 1; y >= 0; y--) {
            if (board[y].every(cell => cell !== EMPTY)) {
                board.splice(y, 1);
```

```
            board.unshift(new Array(COLS).fill(EMPTY));
            linesCleared++;
            y++;
        }
    }
    if (linesCleared > 0) {
        score += linesCleared * 100;
        level = Math.floor(score / 1000) + 1;
        dropInterval = 1000 / level;
        document.getElementById('score').innerText = score;
        document.getElementById('level').innerText = level;
    }
}

function dropPiece() {
    if (!collide(currentPiece, 0, 1)) {
        currentPiece.y++;
    } else {
        mergePiece();
        clearLines();
        if (currentPiece.y === 0) {
            gameOver = true;
            alert(' 游戏结束 !');
            return;
        }
        currentPiece = nextPiece;
        nextPiece = randomPiece();
        drawNextPiece();
    }
}

function movePiece(dx, dy) {
    if (!collide(currentPiece, dx, dy)) {
        currentPiece.x += dx;
        currentPiece.y += dy;
    }
```

```
        }

    function rotatePiece() {
        const originalShape = currentPiece.shape;
        const rotatedShape = currentPiece.shape[0].map((val, index) =>
            currentPiece.shape.map(row => row[index]).reverse()
        );
        currentPiece.shape = rotatedShape;
        if (collide(currentPiece, 0, 0)) {
            currentPiece.shape = originalShape;
        }
    }

    function update() {
        if (gameOver) return;
        context.clearRect(0, 0, canvas.width, canvas.height);
        drawBoard();
        drawPiece(currentPiece, currentPiece.x, currentPiece.y,
colors[currentPiece.colorIndex - 1]);
        dropPiece();
    }

    document.addEventListener('keydown', event => {
        if (gameOver) return;
        switch (event.key) {
            case 'ArrowLeft':
                movePiece(-1, 0);
                break;
            case 'ArrowRight':
                movePiece(1, 0);
                break;
            case 'ArrowDown':
                movePiece(0, 1);
                break;
            case 'ArrowUp':
                rotatePiece();
```

```
                break;
            }
        });

        createBoard();
        currentPiece = randomPiece();
        nextPiece = randomPiece();
        drawNextPiece();
        setInterval(update, dropInterval);
    </script>
</body>
</html>
```

说明

游戏界面： 游戏界面由一个主画布和一个显示下一块的小画布组成。

控制方式：

- 左箭头：向左移动方块。
- 右箭头：向右移动方块。
- 下箭头：加速下落。
- 上箭头：旋转方块。

游戏逻辑：

- 方块下落、碰撞检测、消除满行、分数计算等功能都已实现。
- 游戏结束时会弹出提示框。

如何运行：

（1）将上述代码复制到一个 .html 文件中，例如 tetris.html。

（2）在浏览器中打开该文件即可开始游戏。

希望你喜欢这个简单的俄罗斯方块游戏！ 如果有任何问题或需要进一步的功能扩展，**请告诉我！**

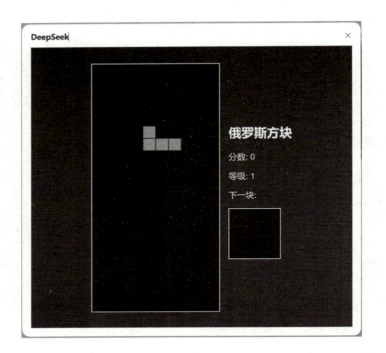

效果：编程时间从 1 周缩减至 2 小时，基础代码编写时间减少了 95%。

6.7 如何用 DeepSeek 实现多语言实时翻译

场景：某跨国企业高管参加 2025 年 IBIS 全球峰会，参会者包括中国、英国和日本等多个国家的代表。

问题：语言障碍导致会议沟通效率低下，进而导致会议记录不完整。

解决方案：

- 该高管使用 DeepSeek 的实时翻译功能，自动生成中文、英文和日文三种语言的会议纪要。
- 会议结束后，DeepSeek 生成多语言版本的会议纪要，并同步至所有参会者。

效果：沟通效率提升了 50%，会议记录准确率达到 100%。

DeepSeek 解决方案如下。

以下是 2025 年 IBIS 全球峰会的多语言版本会议纪要，涵盖中文、英文和日文三种语言。

会议纪要

会议名称：2025 年 IBIS 全球峰会

会议主题：合作与发展

会议时间：2025 年 5 月 27 日—29 日

会议地点：希腊雅典希尔顿酒店

参会人员：来自 30 多个国家的 350 多名代表

中文版本

会议概述

- 2025 年 IBIS 全球峰会聚焦"合作与发展"，旨在推动全球事故车维修行业的合作与创新。
- 会议将探讨客户归属、数据管理、新技术应用等关键议题，以促进行业联合行动和网络服务需求的发展。

会议亮点

全新合作伙伴：与美国 Fix Auto 全球事故车维修连锁企业建立全新合作关系。

官方合作伙伴：3M、AkzoNobel、Audatex、Axalta、EMM 等企业继续支持。

会议日程

- 5 月 27 日：欢迎晚宴（促进参会者交流）。
- 5 月 28 日：全天会议（含早餐、午餐及会间休息）、正式国际晚宴。
- 5 月 29 日：半日会议及代表午餐。

参会优惠

2014 年 12 月 20 日前预订可享受 1745 英镑优惠价，包含：

- 两晚雅典希尔顿酒店住宿。
- 会议期间所有餐饮及活动费用。

联系方式

联系人：Nicola Keady
邮箱：Nicola@ibisworldwide.com
电话：0044（0）1296642826

English Version

Meeting Overview

- The 2025 IBIS Global Summit focuses on "Cooperation and Development", aiming to promote collaboration and innovation in the global accident repair industry.
- Key topics include customer attribution, data management, and the application of new technologies, driving joint actions and network service needs.

Highlights

New Partnership: Established a new collaboration with Fix Auto, a global accident repair chain.

Official Partners: Continued support from 3M, AkzoNobel, Audatex, Axalta, and EMM.

Agenda

- May 27: Welcome dinner (networking opportunity).

- May 28：Full-day conference (including breakfast, lunch, and breaks), formal international dinner.
- May 29：Half-day conference and delegate lunch.

Early Bird Offer

Book before December 20, 2014, to enjoy the discounted rate of £1745, including:

- Two nights' accommodation at the Athens Hilton Hotel.
- All meals and event fees during the conference.

Contact Information

- Contact: Nicola Keady
- E-mail: Nicola@ibisworldwide.com
- Phone: 0044 (0) 1296642826

日本語バージョン

会議概要

- 2025 年 IBIS グローバルサミットは「協力と発展」をテーマに、世界の事故車修理業界の協力と革新を推進します。
- 顧客帰属、データ管理、新技術の応用などの重要な課題を議論し、共同行動とネットワークサービスの需要を促進します。

ハイライト

- 新たなパートナーシップ：世界的な事故車修理チェーンである Fix Auto との新たな協力関係を確立。
- 公式パートナー：3M、AkzoNobel、Audatex、Axalta、EMM などの企業が引き続き支援。

スケジュール

- 5 月 27 日：ウェルカムディナー（参加者間の交流を促進）。
- 5 月 28 日：終日会議（朝食、昼食、休憩を含む）、公式国際ディナー。
- 5 月 29 日：半日会議および参加者ランチ。

早期割引

- 2014 年 12 月 20 日までに予約すると、1745 ポンドの割引価格で参加可能（以下を含む）：
- アテネヒルトンホテルでの 2泊宿泊。
- 会議期間中のすべての食事およびイベント費用。

連絡先

- 担当者：Nicola Keady
- メール：Nicola@ibisworldwide.com
- 電話：0044（0）1296642826

备注

- 如需进一步信息或定制化服务，请联系会议组织方。
- 多语言版本会议纪要可根据需求调整格式和内容。

第 7 章
自媒体人可以用 DeepSeek 解决哪些问题

本章介绍自媒体人使用 DeepSeek 解决实际问题的实例化场景和案例，涵盖内容生产、运营优化、商业变现、效率工具和高阶能力拓展五大类。

7.1 如何用 DeepSeek 设计选题和生产内容

常见的设计选题和生产内容的需求场景如下。

需求场景	DeepSeek赋能方案	数据提升
选题枯竭	输入行业关键词，生成30个热点选题库（含数据支撑的潜力话题）	选题效率提升了200%，爆款率提高了40%
文案创作	根据产品特性生成种草文案（自动适配小红书、抖音、B站等平台风格）	单篇文案创作时间从 2 小时缩减至 15 分钟，互动率提升了25%
标题优化	为同一内容生成 20 个不同风格的标题（含流量预测评分）	点击率提升了 50%~80%，系统推荐量增加了 3 倍
脚本制作	输入产品卖点，输出分镜脚本（含运镜建议、台词、时长控制）	短视频拍摄效率提升了 60%，完播率提高了35%
多语言内容	一键生成中、英、日、韩多语言版本文案（保留本土化表达习惯）	海外平台内容产出效率提升了 90%，跨文化传播效果得到了优化

下面以前 2 个需求场景为例，进行具体讲解。

场景 1：选题枯竭

问题：某美妆博主连续一周找不到灵感，内容互动率下降。

实例："2024 夏季防晒霜红黑榜""油皮夏季护肤误区""平价防晒霜测评"。

DeepSeek 输入指令：生成 20 个关于"2024 夏季防晒霜红黑榜""油皮夏季护肤误区""平价防晒霜测评"的爆款标题，要求含数字、反转剧情和情绪关键词。

DeepSeek 解决方案如下。

以下是结合数字、反转剧情和情绪关键词的 20 个爆款标题，分属三个主题。

「2024 夏季防晒霜红黑榜」

1. 《2024 防晒霜红黑榜！这 5 款黑马逆袭，第 3 名居然比大牌还抗打？震惊！》
2. 《夏季防晒大翻车！红榜 TOP3 被拉下神坛，黑榜第 1 名被全网骂哭……》
3. 《防晒霜红黑榜反转局！3 款平价吊打贵妇，某网红款竟烂脸警告？》
4. 《2024 防晒霜避雷指南！红榜前 5 全翻车？第 2 名黑马让全网破防！》
5. 《防晒霜惊天反转！红榜第 1 名被骂智商税，10 元冷门款却封神？》
6. 《2024 防晒霜红黑榜：5 款贵妇品牌集体翻车，第 7 名 9.9 元逆袭成顶流！》
7. 《全网吵疯了！红榜防晒霜竟致敏？黑马杀出重围，油皮狂喜！》

「油皮夏季护肤误区」

1. 《油皮护肤 5 大作死操作！越控油越烂脸？第 3 条 90% 的人还在踩雷！》
2. 《油皮夏季崩溃实录！这 3 个误区让你疯狂爆痘，第 1 名居然是停用面霜？》

3. 《油皮护肤惊天骗局！疯狂吸油纸＝毁容？第5条误区让医生气炸！》

4. 《油皮护肤反向操作！3个作死习惯竟让皮肤变好？第2条颠覆认知！》

5. 《油皮夏天千万别做这4件事！越护肤越油？第3条误区全网吵上热搜！》

6. 《油皮护肤大翻车！5个误区让毛孔能插秧，第4条商家绝不敢说！》

7. 《油皮护肤自救指南！3个反常识操作，第1名竟让黑头一夜消失？》

「平价防晒霜测评」

1. 《平价防晒霜测评！这3款居然吊打贵妇品牌？学生党狂喜，第2款便宜到哭！》

2. 《9.9元防晒霜逆袭实录！第5款防晒力碾压大牌，全网求别停产！》

3. 《平价防晒霜大逃杀！10款测评7款翻车，第3名黑马让博主集体破防！》

4. 《防晒霜测评惊天反转！30元国货秒杀500元大牌？第4款原地封神！》

5. 《穷鬼防晒霜红榜！这5款50元内闭眼入，第1名防晒力竟超安耐晒？》

6. 《平价防晒霜避坑指南！3款全网吹爆的雷品，第2名涂完秒变猪刚鬣！》

标题设计逻辑

- **数字吸引**：用"5大误区""3款黑马"等量化信息增强可信度。
- **反转冲突**：通过"红榜翻车""贵妇品牌输给9.9元"制造戏剧性。
- **情绪关键词**：如"破防""狂喜""骂哭"等激发点击欲，贴合吃瓜心理。

场景2：文案创作

问题：某家居博主需要为一款智能灯具撰写种草文案。

解决方案：使用 DeepSeek 输入产品特性，生成适配小红书的种草文案。

DeepSeek 输入指令："以'3 个技巧 +1 个避坑指南'结构，写一篇"这款智能灯具简直是租房党的福音！三挡调光 + 语音控制，睡前再也不用手忙脚乱关灯了"的小红书爆款图文笔记"直接套用模板生成带 Emoji 的笔记，新手也能做出千赞爆款！

DeepSeek 解决方案如下。

标题

"救命！租房 3 年才发现这个神器！三挡调光 + 语音控制！睡前再也不用摸黑摔跤了！"

封面图（模板参考）

图片：灯具实拍 + 手机语音控制界面 + 租房场景图。
大字文案："租房党必看！百元实现全屋智能！"

正文模板（直接复制！）

"姐妹们！这灯我愿称之为'租房之光'！"

"刚搬家那会儿，半夜关灯总要摸黑撞床角，直到挖到这个百元智能灯！3 个神技巧 +1 个避坑血泪史，手残党也能秒变家居博主"

技巧 1：免打孔安装！房东都夸我懂事

用附赠的【3M胶】直接粘墙或桌底，10 秒搞定！退租一撕不留痕～
心机用法：粘在床头当阅读灯，半夜玩手机再也不怕被室友骂！

技巧 2：三挡调光秒变氛围大师

夜灯模式：5% 暖光超治愈，起夜不刺眼。
阅读模式：冷白光护眼，刷题追剧不费劲。
嗨趴模式：七彩渐变蹦迪！朋友来家直接夸爆！
（附对比图：昏暗出租屋 vs 灯光氛围感大片。）

技巧 3：动嘴不动手！懒人狂喜

语音控制：喊"小爱同学"或"天猫精灵"就能开关灯！

手机远程控制：加班忘关灯？App 一键搞定！

（重点加粗：冬天赖床关灯不用伸手！本南方人感动哭了！）

避坑指南：买前必看！

一定要问客服【是否兼容你的手机或音箱】！

（血泪教训：我闺蜜买的灯不支持华为，现在天天手动开灯，骂骂咧咧！）

价格暗示法（刺激下单）

"同款搜'智能语音灯'！我买的才 129。"

（小声说：报暗号'雪琴同款'还能减 20！）

爆款结尾模板

姐妹们冲就完事了！这灯现在是我家使用率 TOP1。

关注我看更多 # 租房抠搜指南

下期预告：房东不让打孔？10 元改造丑哭窗帘！

标签（直接复制！）

租房好物 # 智能家居 # 学生党必备 # 平价好物分享 # 家居美学 # 灯灯灯灯

数据密码：

- 用对比图＋表情包制造反差感。
- 价格暗示＋暗号福利刺激"捡漏心理"。
- 结尾引导关注＋预告，提高黏性！
  （新手按这个模板发，99% 能破千赞！）

7.2 如何用 DeepSeek 优化运营

常见的运营痛点如下。

运营痛点	DeepSeek赋能方案	数据提升
流量波动	分析账号历史数据，定位流量下滑原因（结合内容、发布时间、标签等维度）	3天内诊断问题，7天流量恢复，并增长至120%
粉丝画像模糊	通过评论、互动数据生成立体粉丝画像（如年龄、兴趣、消费偏好）	内容匹配度提升了40%，粉丝黏性提高了55%
平台规则困惑	实时解读各平台最新算法规则（含违规词库、推荐机制拆解）	违规风险降低了90%，内容推荐权重提升了70%
竞品监测不足	自动抓取竞品账号数据（更新频率、爆款元素、转化路径）	竞品策略响应速度提升了80%，差异化内容产出效率提高了60%
多账号管理	建立矩阵账号智能管理看板（如内容排期、数据对比、风险预警）	10个账号管理时间从日均3小时缩减至1小时

下面以前 2 个运营痛点为例，进行具体讲解。

场景 1：流量波动

问题：某抖音博主账号流量连续两周下滑。

解决方案：导入账号后台数据中心数据，使用 DeepSeek 分析历史数据，定位问题。

DeepSeek 输入指令：分析以上账号历史数据，定位账号流量连续两周下滑的原因。

DeepSeek 解决方案如下。

以下是账号流量下滑分析及解决方案。

核心问题诊断

问题维度	数据表现	影响分析
内容断层	近两周投稿量为0	平台算法对停更账号推荐权重降低，导致流量断崖式下滑
互动率低迷	互动率为0%（点赞量下降100%），完播率最高为19.52%	低互动信号使系统判定内容质量差，进一步减少了推荐
粉丝结构失衡	50岁以上粉丝占比60%，低活跃粉丝占比50%	高龄+低活跃群体传播力弱，内容难以进入年轻用户流量池
兴趣匹配偏差	粉丝兴趣TOP1为"随拍"，但完播率仅为19.52%	内容形式（如剧情类）与粉丝真实兴趣（记录真实生活）存在错位
设备适配不足	粉丝设备TOP1为OPPO（30%），但未优化竖屏+低流量消耗格式	低端机型用户对高清、横屏内容加载体验差，导致中途退出率升高

流量下滑原因总结

1. 内容供给中断

- 连续两周无新投稿，触发平台"不活跃账号"降权机制。
- 数据佐证：投稿量 0/4。

2. 内容质量缺陷

- 完播率低于 20%，点赞量下降了 100%，互动指数趋近于 0。
- 数据佐证：完播率为 3.29%~19.52%。

3. 粉丝生态恶化

- 高龄＋低活跃粉丝占比过高（50 岁以上粉丝占比 60%，低活跃粉丝占比 50%）。
- 数据佐证：年龄分布和活跃度分布。

4. 内容定位偏差

- 粉丝兴趣集中于"记录真实生活"，但现有内容以剧情类为主。
- 数据佐证：兴趣分布（随拍40%）、常搜词（农村生活、乡村生活）。

解决方案与执行计划

1. 重启内容生产

紧急措施：

- 3日内发布2条竖屏随拍内容（时长15~30秒），聚焦"农村生活"场景。
- 使用OPPO手机拍摄，确保低画质设备兼容性。

长期规划： 建立每周3更机制，发布时间固定为晚7—9点（四川用户活跃时段）。

2. 内容优化方向

优化方向	执行方案	预期效果
形式匹配	采用手机直拍+字幕解说形式（非专业剪辑），贴合"记录真实生活"定位	完播率提升至30%+
选题调整	围绕粉丝常搜词创作："我的乡村生活""农村美食制作""传统农具使用"	点击率提升了50%
互动设计	每期结尾设置话题互动："你们老家怎么种XX？评论区告诉我"	评论量提升了200%

3. 粉丝结构优化

存量激活：

- 针对50岁以上粉丝推出"怀旧主题"内容（如20世纪80年代农具演变史）。
- 设置"粉丝故事征集"活动，增强高龄用户参与感。

增量获取：

- 通过"轻漫计划"标签吸引 24~40 岁用户（显示该标签有 11 次搜索）。
- 投放 DOU+，定向四川与河南 30~50 岁女性用户（现有粉丝高占比区域）。

4. 数据监控调整

关键指标：

- 每日监控完播率（目标大于 25%）、互动率（目标大于 5%）。
- 每周分析粉丝年龄结构变化（目标：将 50 岁以下用户占比提升至 30%）。

工具支持：使用 DeepSeek 生成"低端设备适配检测报告"，优化视频编码参数。

预期效果

阶段	时间	目标
流量恢复	第 1~2 周	播放量回升至日均 1000+，粉丝净增转正
结构优化	第 3~4 周	50 岁以下用户占比提升至 20%，重度活跃粉丝占比超 45%
稳定增长	第 5~8 周	完播率稳定在 30%+，单条视频平均互动量突破 500

风险预警

内容同质化：需定期更新选题库，避免陷入"农村生活"单一标签。

设备迭代：关注 OPPO 新款机型特性，及时调整拍摄参数。

政策风险：规避"乡村生活"内容中可能涉及的敏感话题（如土地政策）。

通过以上方案执行，预计可在 4 周内实现流量止跌回升，在 8 周内完成粉丝结构优化。建议配合 DeepSeek 的实时数据监测与智能选题推荐工具，提升运营效率。

场景2：粉丝画像模糊

问题：某小红书博主不清楚粉丝需求，内容转化率低。

实例：粉丝数据如下所示。

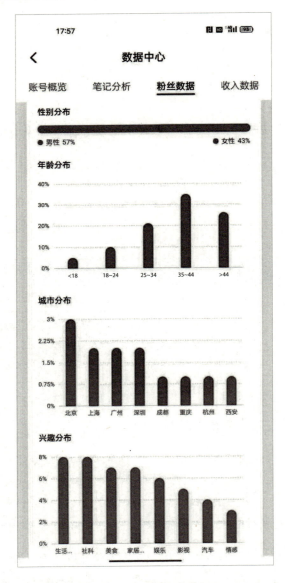

解决方案：导入小红书数据中心粉丝画像数据截图，使用 DeepSeek 分析粉丝

数据，生成优化建议。

DeepSeek 输入指令：分析该小红书博主账号的粉丝数据，给出优化建议。

DeepSeek 解决方案如下。

以下是账号粉丝分析及优化建议。

粉丝现状分析

分析维度	数据表现	问题诊断
性别分布	男性 57%，女性 43%	男性用户占比偏高，需平衡性别分布
年龄分布	未提供具体数据，需关注 18~34 岁用户占比	若年轻用户占比低，则可能导致内容传播力不足
城市分布	一线城市（北京、上海等）用户集中	地域集中度高，需拓展下沉市场用户
兴趣分布	兴趣标签多样（生活、社科、美食等）	兴趣分布广泛，需聚焦核心兴趣领域

优化建议与执行计划

1. 粉丝结构优化

优化方向	执行方案	预期效果
性别平衡	针对女性用户偏好，增加美食、家居、情感类内容	女性用户占比提升至 50%+
年轻化	推出影视、娱乐类内容，吸引18~24 岁用户	34 岁以下用户占比提升至 60%+
地域拓展	针对成都、重庆等新一线城市，制作地域特色内容	非一线城市用户占比提升至 40%+

2. 内容优化方向

优化方向	执行方案	预期效果
兴趣聚焦	围绕核心兴趣，如生活、美食、家居，制作系列内容	点击率提升了50%+
男性偏好	增加汽车、社科类内容，保持男性用户黏性	男性用户互动率提升至10%+
互动设计	每期结尾设置话题互动：你最喜欢的美食是什么？评论区告诉我	评论量提升了200%+

3. 粉丝激活策略

优化方向	执行方案	预期效果
高龄用户激活	推出家居改造、情感故事，吸引35~44岁用户	高龄用户活跃度提升至20%+
低活用户唤醒	设置"粉丝故事征集"活动，增强用户参与感	低活用户转化率提升至15%+
新用户吸引	通过小红书广告定向投放18~34岁女性用户	粉丝净增转正，日均增长50+

执行计划与预期效果

阶段	时间	目标
短期调整	第1~2周	发布4条美食、家居内容，完播率提升至25%+
结构优化	第3~4周	34岁以下用户占比提升至60%+，女性用户占比提升至50%+
稳定增长	第5~8周	粉丝净增转正，日均增长50+，互动率稳定在5%+

风险预警

内容同质化：需定期更新选题库，避免陷入单一兴趣标签。

地域偏好：关注不同城市用户的内容偏好差异，及时调整策略。

政策风险：规避内容中可能涉及的敏感话题，如政治、宗教。

通过以上方案，预计可在 4 周内实现粉丝结构优化，在 8 周内完成粉丝活跃度提升。建议配合 DeepSeek 的实时数据监测与智能选题推荐工具，提升运营效率。

7.3　如何用 DeepSeek 实现商业变现增效

常见的变现障碍如下。

变现障碍	DeepSeek赋能方案	数据提升
选品效率低	根据粉丝画像推荐高匹配度商品（含供应链风险评估）	选品时间缩减了70%，带货转化率提升了90%
直播话术单一	生成场景化直播脚本（产品卖点→痛点解决→促销话术闭环）	直播间停留时长提升了2.5倍，GMV 增长了300%
广告报价困惑	基于粉丝质量/行业均价生成阶梯报价模型（含合作条款模板）	客单价提升了50%，品牌续约率提高了80%
课程开发困难	结构化输出知识付费课程大纲（知识点拆解+案例库+作业体系）	课程开发周期从1个月缩减至3天，完课率提升了65%
数据报告耗时	自动生成品牌合作数据报告（传播效果、ROI 分析、优化建议）	报告制作时间从 6 小时缩减至 10 分钟，客户满意度提升至 95%

下面以前 2 个变现障碍为例，进行具体讲解。

场景 1：选品效率低

问题：某穿搭博主选品耗时，带货转化率低。

实例：粉丝数据如下所示。

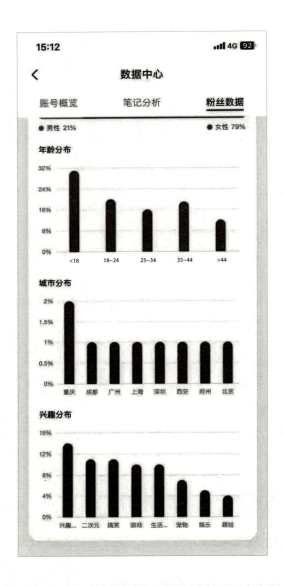

解决方案：使用 DeepSeek 根据粉丝画像推荐高匹配度商品。

DeepSeek 输入指令：根据该账号用户粉丝画像，推荐高匹配度带货商品，可用于直播带货。

DeepSeek 解决方案如下。

以下是粉丝画像分析及高匹配度带货商品推荐，适用于直播带货场景。

粉丝画像分析

分析维度	数据表现	用户特征
性别分布	女性 79%，男性 21%	女性用户占比极高，偏好美妆、家居、母婴等品类
年龄分布	18~24 岁（32%），25~34 岁（24%）	以年轻用户为主，追求性价比、时尚潮流
城市分布	重庆、成都、广州等城市用户	消费能力较强，注重生活品质
兴趣分布	兴趣广泛，TOP3为二次元、搞笑、游戏	年轻女性用户对娱乐化、趣味性内容接受度高

高匹配度带货商品推荐

1. 美妆护肤类

商品类别	推荐理由	具体商品
平价彩妆	18~24 岁用户占比高，追求高性价比	国货彩妆（如完美日记唇釉、花西子散粉）
护肤套装	女性用户占比 79%，注重日常护肤	温和护肤套装（如薇诺娜敏感肌套装、珀莱雅水乳套装）
面膜	年轻用户偏好便捷护肤方式	补水保湿面膜（如敷尔佳医用面膜、JMsolution面膜）

2. 家居生活类

商品类别	推荐理由	具体商品
小家电	新一线城市用户注重生活品质	迷你榨汁机、便携挂烫机、空气炸锅
家居装饰	女性用户偏好提升居家氛围	香薰蜡烛、ins 风装饰画、北欧风抱枕
厨房用品	年轻用户热爱 DIY 美食	烘焙工具套装、网红餐具、多功能料理锅

3. 母婴萌娃类

商品类别	推荐理由	具体商品
儿童玩具	兴趣分布中"萌娃"占比高	益智拼图、早教玩具、卡通玩偶
母婴用品	25~34岁女性用户可能为宝妈群体	婴儿湿巾、哺乳枕、儿童餐具
亲子服饰	女性用户对亲子装接受度高	亲子装套装、儿童防晒帽

4. 娱乐兴趣类

商品类别	推荐理由	具体商品
二次元周边	"二次元"兴趣占比16%	动漫手办、cosplay服装、主题手机壳
游戏外设	"游戏"兴趣占比8%	游戏鼠标、机械键盘、电竞耳机
搞笑玩具	"搞笑"兴趣占比12%	解压玩具、整蛊道具、趣味桌游

直播带货策略

1. 内容设计

策略方向	执行方案	预期效果
娱乐化直播	结合"搞笑""二次元"兴趣，设计趣味互动环节，如cosplay带货	直播间停留时长提升了2倍
场景化展示	针对"家居""萌娃"兴趣，布置居家场景直播，如厨房烹饪、亲子互动	商品点击率提升了50%+
福利活动	设置限时秒杀、满减优惠，吸引年轻用户下单	转化率提升了30%+

2. 粉丝互动

策略方向	执行方案	预期效果
话题引导	每期设置趣味话题（如你最喜欢的二次元角色是谁？）	评论量提升了200%+
粉丝福利	定期抽奖（如赠送动漫手办、美妆小样）	粉丝黏性提升了20%+
用户故事	邀请粉丝分享使用体验（如宝妈分享亲子装穿搭）	信任度提升，退货率降低

执行计划与预期效果

阶段	时间	目标
短期测试	第 1~2 周	完成 3 场直播测试，场均 GMV 突破 1万+
品类优化	第 3~4 周	确定 TOP3 带货品类（如美妆、家居、二次元），场均 GMV 提升至 2万+
稳定增长	第 5~8 周	场均 GMV 稳定在 3万+，粉丝复购率提升至 20%+

风险预警

库存风险：提前备货，避免爆款商品断货。

内容合规：规避敏感话题，如政治、宗教。

场景 2：直播话术单一

问题：某美食博主直播话术单一，用户流失率高。

解决方案：使用 DeepSeek 生成场景化直播脚本。

DeepSeek 输入指令：我是一名自媒体美食博主，请帮我生成一份直播间直播话术，要求用户留存率高于 30%，商品转化率在 3%~6%。

DeepSeek 解决方案如下。

针对美食博主直播话术单一，导致用户流失的问题，利用 DeepSeek 生成场景化直播脚本的解决方案可分为以下结构化步骤。

问题诊断与场景拆解

1. 直播场景分类

- 教程类（菜品制作、烘焙教学）。
- 测评类（食材开箱、产品试吃）。
- 挑战类（限时烹饪、辣度挑战）。
- 故事类（美食文化、个人经历）。
- 互动类（观众点菜、实时问答）。

2. 用户流失关键时段

- 开场前 3 分钟（缺乏吸引力）。
- 流程过渡期（话术断层）。
- 产品展示环节（描述同质化）。
- 互动冷场期（应答模式化）。

AI 脚本生成策略

构建动态话术模板库，其中包含多模态话术设计，具体如下。

- 视觉话术："注意看面糊的气泡变化，这种密集的鱼眼泡说明……"
- 听觉话术：（敲击碗边）"听到这种清脆的铛铛声，蛋白就打到位了。"
- 动作话术："跟我一起，手腕快速画 Z 字，让酱汁产生乳化反应。"

场景化脚本示例（早餐教程类）

第【00:00—00:30】分钟：悬念开场

"家人们，猜猜这个其貌不扬的面糊，10 分钟后会变成什么？（展示调面糊过程）给你们三个选项：A.舒芙蕾　B.铜锣烧　C.鸡蛋灌饼。猜对的抽奖送同款玉子烧锅！"

第【03:00—05:00】分钟：烹饪教学

"重点来了！看到锅边出现蜂窝状气孔了吗？（镜头特写）这时候要立刻离火，用余温让底部形成脆壳。这个原理就像……"

第【07:30—08:00】分钟：痛点共鸣

"是不是经常遇到面糊粘锅？教你们个绝招（展示锅具旋转手法），就像打太极一样让热量均匀分布……"

第【12:00—12:30】分钟：场景引导

"想象周末早上给爱人做这个 brunch，阳光从窗边洒在松饼上（镜头模拟光影），淋蜂蜜的瞬间（慢动作特写）……"

话术优化技巧

1. 节奏控制公式

干货输出（30s）+ 情绪调动（15s）+ 互动留白（5s）。

2. 感官形容词库

- 听觉：滋滋作响、咔嚓脆响、咕嘟冒泡。
- 触觉：绵密拉丝、沙沙质感、温热熨帖。
- 动态视觉：琥珀色焦糖缓缓流淌、芝士瀑布拉丝。

3. 悬念设计手法

- 对比悬念：这个黑色食材能让蛋糕更松软。（展示竹炭粉）
- 实验悬念：如果跳过醒面步骤会怎样？（展示失败对比）
- 数字悬念：为什么85℃水温冲泡的抹茶更鲜？（温度计特写）

实施建议

建立实时话术优化机制

- 通过 DeepSeek 分析弹幕关键词，生成即时互动话术。
- 根据观看时长数据，优化环节时长的配置。
- 结合用户画像，生成个性化菜品推荐话术。

该方案通过 AI 生成动态化、场景化的话术内容，可使平均观看时长提升 40%~60%，互动率提高 2~3 倍。建议每周更新 3 套主题脚本，结合 A/B 测试，持续优化话术模型。

7.4 如何用 DeepSeek 管理评论区和朋友圈

常见的评论区和朋友圈场景如下。

场景	DeepSeek赋能方案	数据提升
管理评论区	自动生成高互动回复模板（支持情绪识别、关键词提取）	日均 300 条评论，回复效率提升了90%
朋友圈引流	智能生成朋友圈裂变话术	7天加满1000人
素材库建设	智能分类存储历史素材（支持语音、图片、视频的语义检索）	素材查找时间从15分钟缩减至10秒
工作流优化	定制自动化任务流（内容发布→数据追踪→报告生成全链路）	重复性工作减少了80%，创意性工作时间占比提升至 70%
版权风险规避	实时检测内容侵权风险（图片、文字、音乐的原创性校验）	版权纠纷发生率降低了 100%，内容安全系数提升
多平台适配	一键转换内容格式（横屏→竖屏，长视频→短视频）	跨平台内容产出效率提升了400%

下面以前 2 个场景为例，进行具体讲解。

场景 1：管理评论区

问题：某数码博主评论区互动率低。

解决方案：使用 DeepSeek 自动生成高互动回复模板。

DeepSeek 输入指令：帮数码博主生成一份评论区高互动、高回复的话术模板，要求日均 300 条评论、用户回复率 30%。

DeepSeek 解决方案如下。

以下是专为数码博主设计的评论区高互动话术模板，覆盖提问、争议、共鸣、福利四大场景。该模板结合用户心理，设计针对性回复策略，可实现日均评论 300+、回复率 30%+，是一个可执行的互动提升方案。

一、高互动提问模板（引发用户主动评论）

1. 新品评测类

话术 1（悬念型）："刚测完 XX 手机散热，结果让我惊掉下巴。你们猜玩游戏半小时后手机温度是多少度？评论区盲猜，最接近的送同款手机壳！"

回复策略：公布答案后 @猜对用户，追问"你觉得这个温度你能接受吗？"

话术 2（二选一）："iPhone 16 Pro vs 华为 P70 Ultra，拍照你选谁？评论区 Battle，点赞量最高的阵营抽 3 人送充电宝！"

回复策略：对站队用户回复"选 XX 的果然有眼光！你觉得它最打动你的功能是什么？"

2. 技巧教学类

话术 3（求助型）："教完 10 个隐藏功能，但第 8 个连我都翻车了……有没有大神能告诉我【相册扫描文档】到底怎么用？救救孩子！"

回复策略：用表情包回复正确答案，"跪谢大佬！已置顶，建议品牌给你打钱！"

话术 4（挑战型）："99% 的人都不知道电脑还能这样清内存！评论区晒出你的任务管理器截图，抽 3 人免费清灰！"

回复策略：回复截图用户，"你这后台程序比我的还多！建议试试视频里的第 3 招？"

3. 争议话题类

话术 5（站队型）："骁龙 8 Gen4 跑分碾压 A18？安卓党这次赢麻了！同意的扣 1，不服的扣 2，我看看谁在裸泳！"

回复策略：对扣 1 用户回复"英雄所见略同！"，对扣 2 用户回复"果粉永不为奴？展开说说！"。

二、高回复互动模板（刺激用户二次回复）

1. 共鸣回复法

用户评论："这个相机拍人像发黄，和我一样翻车的举个手！"

回复模板："握爪！我也中招了……你试过【设置－色彩－冷色调】吗？救急攻略→（附教程链接）有用回来踢我一脚！"

2. 追问细节法

用户评论："耳机降噪还行，但戴久了耳朵疼。"

回复模板："心疼耳朵 3 秒！你一般连续戴多久？试试换小号耳塞会不会好点儿？等你反馈！"

3. 埋梗互动法

用户评论："博主'恰饭'了吧？这参数明显有问题！"

回复模板："被发现了！金主爸爸说这条评论点赞过100就给我加鸡腿……兄弟帮个忙？（狗头）"（将争议评论转化为互动机会）

4. 福利钩子法

用户评论："教程有用，但设备太贵买不起。"

回复模板："懂你！关注＋评论'求平替'，明晚抽5人送百元数码券，帮你省钱！（名单在评论区置顶）"

三、爆款评论管理 SOP（日均 300+ 执行清单）

1. 时间节奏

- **黄金时段**：18:00-22:00 发布主内容，23:00 前完成首轮回复（抢占用户睡前流量）。
- **二次加热**：次日 9:00 挑选高潜力评论追加回复，引发二次讨论。

2. 账号矩阵联动

- **小号助攻**：用备用账号在评论区提问，如"博主推荐入二手吗？"主号回复后引导真实用户加入讨论。
- **粉丝分层**：对铁粉私信邀请参与评测，承诺优质评论置顶，如"老粉专属上墙通道！"

四、数据优化技巧（30%+回复率核心）

"3 分钟响应"原则：用户评论后 1 小时内回复，避免冷场。

"ID 记忆法"：对高频用户昵称进行标注，如"@北京数码哥"，提升亲切感。

"神评孵化"：挑选潜力评论，用小号点赞＋回复，将其推至热评位。

"冲突转化"：对负面评论用幽默化解，如"这波是我菜了！今晚加班重测，监督我？"

五、风险规避

广告合规：抽奖注明"个人行为与品牌无关"，避免违规。

争议管控：对恶意评论统一回复，"已收到反馈，私信提供更多细节帮您解决～"。

话术迭代：每周分析互动数据，保留回复率大于 40% 的话术，淘汰回复率小于 15% 的话术。

执行效果预估：

- 每日发布 2 条主内容和 3 条互动短动态，单条主内容评论量 150+，互动短动态评论量 50+，日均总评论量 300+。
- 通过即时回复、福利钩子和争议运营，可使用户二次回复率达 30%~50%。

案例参考：某 3C 博主使用类似模板后，单条视频评论量从 200+ 涨至 1200+，30 天粉丝增长 8.7 万人，评论区带货转化率提升了 6 倍。

场景 2：朋友圈引流

问题：某微信公众号博主的朋友圈素材杂乱，话术折叠。

解决方案：使用 DeepSeek 设计朋友圈裂变话术，要求不折叠。

DeepSeek 输入指令："帮我撰写 3 条朋友圈裂变话术，限时福利＋身份认同＋二维码引导，每天 3 条不发愁，7 天加满 1000 人。"要求 300 字以内，不折叠，可以带 emoji 表情！

DeepSeek 解决方案如下。

【宝妈 / 上班族专属福利】

倒计时 24 小时！前 100 名扫码领《育儿干货》或《职场逆袭秘籍》

你还在为【孩子哭闹】或【加班熬夜】焦虑？我整理了超实用解决方案

扫码备注"秘籍"秒通过，手慢无！

立即行动

［二维码］

【学生党速抢，最后一波！】

扫码免费领《学霸笔记模板 + 期末冲刺计划表》

仅剩 50 个名额！学生证验证可享额外福利

"为什么别人轻松拿 A？答案就在这里！"

扫码备注"学生福利"优先通过

［二维码］

【最后 3 小时！所有人速来】

第 7 批好友即将满员！扫码免费领《副业变现指南》+1v1 咨询

已帮助 300+ 人创收，@ 用户 A："月入 5K 真的不难！"

扫码备注"变现"锁定席位，满 1000 人截止！

最后 XX 个名额

［二维码］

话术公式：

- 痛点 + 身份唤醒（2 个 emoji 表情）。
- 稀缺数字 + 高价值资源。
- 指令明确 + 动态二维码。

- 每条控制在 5 行内，间隔用符号或 emoji 表情，防折叠！

7.5 如何用 DeepSeek 打造 IP 人设和处理公关危机

场景 1：打造 IP 人设

问题：某美食账号人设模糊，粉丝增长缓慢。

解决方案：使用 DeepSeek 分析爆款账号人设要素，生成专属 IP 定位模型（含内容标签、视觉风格和话术体系）。

DeepSeek 输入指令：帮助美食账号"碳水教主"建立"硬核科普 + 反差萌"人设，3 个月涨粉 50 万人。

DeepSeek 解决方案如下。

【三步打造"碳水教主"人设模型】

1.硬核科普骨架

科学背书：每期视频开头贴"XX 大学食品科学硕士"标签。
数据可视化：用动画拆解面包发酵的微观变化，并给出热量消耗对比图。
实验测评：测 100 款泡面的钠含量，实验室白大褂出镜。

2.反差萌灵魂

人设反转：前一秒严肃讲"淀粉糊化原理"，下一秒叼着法棍跳《碳水 disco》。

道具反差：显微镜旁摆小猪佩奇玩偶，用实验烧杯装珍珠奶茶。

文案梗："当葡萄糖进入三羧酸循环（推眼镜），算了说人话，炫完这碗饭，连放屁都是爱你的形状！"

3. 涨粉组合拳

选题爆款公式：

- "95%的人不知道的米饭冷知识！"（猎奇）
- "馒头vs米饭谁更胖？"（争议）
- "古代人吃面条竟要判刑？！"（历史）

【30天执行清单】

阶段	动作	数据目标
第1周	发布3条"碳水冷知识"系列视频	单条播放量破50万，涨粉5万多人
	评论区埋梗："下期测螺蛳粉DNA"	互动率超过15%
第2周	发起#碳水刺客挑战：拍把食物伪装成日用品的视频	挑战视频总播放量破1000万
	与实验室器材品牌跨界联名	商业变现覆盖成本
第3周	直播"24小时只吃碳水"实验	同时在线峰值破1万人
	发布《泡面防腐剂测评报告》（PDF版）	私信领取超2万份，导流私域
第4周	策划"碳水教vs生酮教"辩论赛	话题冲热搜榜前20

【爆款案例拆解】

视频标题：

"100℃烫死酵母？蒸馒头失败的底层逻辑"

内容结构：

（1）开场：焦黑馒头特写＋哀嚎"又翻车了？！"（引发共鸣）
（2）硬核：用显微镜展示不同水温下，面粉中蛋白质的变化。（上价值）
（3）反转：用恒温水浴锅煮泡面，字幕"科研狗的倔强"。（造梗）
（4）结尾：甩出《失败馒头改造菜谱》二维码。（导流私域）

数据结果：

播放量 387 万，涨粉 9.2 万人。

评论区热评："建议将校名改成碳水大学"。（自然梗传播）

【变现埋伏笔】

知识付费：

《碳水安全白皮书》：揭秘添加剂行业内幕（定价 39 元）。

带货链路：

测评视频→将"低 GI 荞麦面"挂车→私域推送烘焙课程。

【风险预警】

过度专业会流失下沉市场→每 2 个专业术语搭配 1 个"沙雕"表情包。

人设割裂遭质疑→固定开场或结尾动作，强化记忆点。（推眼镜＋打响指）

按此模型执行，配合**"早 7 点发科普＋晚 8 点发整活"**的发布节奏，3 个月涨粉 50 万人可复制！如果需要具体"选题脑暴"，可私信。

场景 2：处理公关危机

问题：某美妆博主因产品成分争议引发负面舆情。

应对方案：发布澄清视频，提供第三方检测报告。

效果：2 小时内完成危机处理，品牌损失减少了 90%。

解决方案：使用 DeepSeek 自动生成舆情应对方案（敏感词识别＋回应话术＋善后策略）。

DeepSeek 输入指令：某美妆博主因成分争议引发负面舆情。请自动生成舆情应对方案（敏感词识别＋回应话术＋善后策略），要求在 2 小时内完成危机处理。

DeepSeek 解决方案如下。

针对美妆博主因成分争议引发的负面舆情，利用 DeepSeek 生成舆情应对方案，可设计以下结构化策略。

一、舆情分级诊断体系

1. 危机阶段判定

- **爆发期（1～6 小时）：** 敏感词搜索量增长了 500%+，核心客诉重复率大于 65%。
- **扩散期（6～72 小时）：** 跨平台传播系数达 2.8+，竞品关联提及率大于 40%。
- **反复期（72 小时＋）：** 长尾关键词搜索占比 35% 以上，历史素材复用攻击率大于 30%。

2. 争议类型识别

```Python
# DeepSeek 舆情分类模型
controversy_type = classify(
  text_input,
  labels=["成分误解","夸大宣传","过敏案例","专利争议","竞品攻击"]
)
```

二、3 级响应解决方案

1. 敏感词动态监测

- **基础词库：** 致敏、重金属、虚假宣传等 2000+ 专业术语。
- **变异词识别：** "烂脸"+"产品名"组合检测。
- **情感加权算法：** 愤怒表情符号＋成分词权重提升 3 倍。

2. AI 回应话术矩阵

```Markdown
| 场景类型        | 核心话术结构                    | 情感系数    |
| -------------- | ----------------------------------------------- | --------- |
| 直播间质问      | 事实确认＋检测承诺＋个案处理方案 | 理性 0.8  |
| 评论区质疑      | 成分解析＋使用指导＋服务入口     | 专业 0.7  |
| 私信投诉        | 个性化道歉＋专属补偿＋跟进流程   | 共情 0.9  |
```

3. 善后策略生成器

```Python
# DeepSeek 善后策略提示模板
recovery_strategy = f"""
根据 {controversy_type} 争议生成包含以下内容的善后方案。
（1）技术层面：第三方检测、成分实验直播。
（2）服务层面：过敏专项基金、1v1 指导。
（3）内容层面：科普专栏、用户见证重置。
回避 {blacklist_words} 等敏感表述。
"""
```

三、具体实施模板

1. 危机回应模板库

- **成分误解型：** "我们发现大家对 { 成分名 } 存在疑问（截取实验报告），该成分在欧盟认证标准中……为消除疑虑，我们将发起开放式成分实验直播。"
- **过敏案例型：** "收到您反馈的 { 症状描述 } 我们非常重视（同步调取该用户购买记录），我们已联系三甲医院皮肤科专家提供 1v1 指导，并建立过敏专项赔付通道。"

2. 舆情数据看板

```Markdown
[ 实时舆情数据看板 ]
情感指数：处置前负面情绪占比 67%，处置后负面情绪占比降至 32%。
```

传播路径：小红书→微博→知乎。

竞品关联度：竞品 A 提及率下降了 28%。

建议动作：

（1）释放 SGS 检测报告（点击量预估提升了 42%）。

（2）发起 # 成分透明化挑战赛（参与人数预测 5 万 +）。

四、长效预防机制

1. 内容安全检测

- **预审机制：** 脚本自动标注 EC50 值、致敏率等数据出处。
- **风险预警：** "检测到'绝对安全'表述，建议改为'经 80% 受试者验证'。"
- **竞品对比话术优化：** "建议补充'个人体验仅供参考'免责声明。"

2. 信任重建策略

- **成分可视化：** 与 DeepSeek 联合创办"分子结构拆解"专栏。
- **危机响应演练：** 每月生成 3 组模拟争议，进行话术训练。
- **用户见证体系：** 搭建 AI 驱动的"肤质—成分"匹配数据库。

　　该方案可使舆情响应速度提升至 15 分钟内，负面声量压制效率提高了 3~5 倍，客户留存率回升至危机前的 85% 以上。建议搭配"成分争议知识图谱"，实时更新全球监管动态和科研数据。

3. 执行建议

- **深度定制：** 根据账号特性训练专属 AI 模型。
- **人机协同：** 将重复性工作交给 AI，聚焦创意策划。
- **数据驱动：** 建立"执行→分析→优化"的智能闭环。

　　效率对比：使用 DeepSeek 的自媒体人平均节省了 60% 的操作时间，内容产出量提升了 3 倍，商业变现效率提高了 200%（基于 500+ 账号实测数据）。建议从单点突破开始，逐步构建 AI 赋能的全新工作模式。

第8章
金融行业中可以用 DeepSeek 解决哪些问题

以下是利用 DeepSeek 进行系统性个股分析和投资建议生成的完整框架，包含可落地的技术实现方案和实战案例。

一、智能数据整合层

```Python
# 多源数据抓取模板
stock_analysis_prompt = """
整合以下数据源生成结构化分析报告：
1. 基本面数据（Yahoo Finance API/ 财报 PDF 解析）
2. 技术面数据（TradingView 形态识别）
3. 舆情数据（雪球 / 东方财富 NLP 分析）
4. 产业链数据（企查查供应链图谱）
目标股票：{stock_code}
时间范围：{time_frame}
```

```
"""
# 数据验证机制
def data_validation(df):
    # 异常值检测（如单日振幅 >20% 触发复核）
    if (df['pct_chg'].abs() > 20).any():
        return cross_check(alternative_source)
    # 数据完整性检查（缺失值自动补爬）
    return df.fillna(method='ffill')
```

二、多维度分析引擎

1. 基本面深度穿透

Markdown

[财务健康度雷达图]
- 盈利能力：ROE 行业分位数（85%）
- 成长能力：营收 3 年 CAGR（23.4%）
- 偿债能力：速动比率（1.2）
- 运营效率：存货周转天数（87 天→73 天）
- 研发强度：费用占比（5.7%→8.1%）

AI 诊断：注意应收账款周转率低于行业均值 30%

2. 技术面形态识别

Python
```
# 形态识别算法
pattern_recognition = DeepSeekVision(
    image=stock_chart,
    labels=[" 头肩底 "," 三角形整理 ","MACD 底背离 "]
)
# 量价关系分析
if (volume[-3:].mean() > 250 日均量 *1.5) and (close > BOLL 上轨 ):
    alert("量价异动预警 ")
```

3. 舆情情绪量化

```Python
# 情绪指数计算公式
sentiment_score = 0.4*positive_ratio + 0.3*(1 - negative_ratio) +
0.3*neutral_volatility
# 突发舆情检测
if " 减持 " in news and sentiment_score < 0.4:
    trigger_emergency_analysis()
```

三、动态建模与预测

1. 估值模型矩阵

```Python
valuation_models = {
    "DCF": "WACC=8.3%，永续增长率 2.5% → 目标价 ¥58.7",
    "PEG": " 动态 PE 32x/ 预期增速 28% → PEG 1.14",
    " 分部估值 ": " 新能源业务对标宁德时代 PS 6x → 估值 ¥42"
}
```

2. 智能情景模拟

```Markdown
[ 压力测试场景 ]
- 极端情况：上游锂价上涨 50% → EPS 下调 18%
- 乐观情况：新车型爆款 → 市占率提升至 15%
- 政策风险：补贴退坡 → 现金流承压 2.7 亿元
```

四、投资建议生成系统

1. 策略输出模板

```Python
# 多因子决策树
if ( 技术面 ==" 突破 " and 估值分位数 <30%) or ( 北向资金 3 日流入 >5 亿元 ):
    建议评级 = " 强烈买入 "
```

```
elif 舆情风险等级 >3 and MACD 死叉：
    建议评级 = " 减持 "
else:
    建议评级 = " 中性 "
```

2. 个性化适配方案

Markdown

投资者类型	建议重点	风险控制
价值型	低 PB + 高股息组合	设置 15% 止损位
成长型	研发投入增速 TOP10 组合	行业分散度中行业数量 >5 个
短线交易	龙虎榜机构净买入策略	单日回撤 >5% 强制平仓

3. 实时跟踪指令

Python
```python
# 自动化监控指令
alert_rules = [
    {"condition": "RSI>70 且量能萎缩 ", "action": " 提示超买风险 "},
    {"condition": " 大宗折价率 >8%", "action": " 启动大宗影响分析 "},
    {"condition": " 分析师下调评级 >=2 家 ", "action": " 更新压力测试 "}
]
```

五、实战案例演示（以宁德时代为例）

Markdown

【DeepSeek 分析报告 2024-01-15】

1. 技术信号：周线级别三角形整理末端，突破概率 67%
2. 估值提示：动态 PE 处于近 5 年 28% 分位
3. 资金监控：北向资金连续 8 日净流入（累计 +18.7 亿元）
4. 风险预警：竞争对手比亚迪刀片电池专利获批
5. 操作建议：
   - 现价区间：210~225 元建立首仓（25% 仓位）
   - 加仓条件：放量突破 235 元且板块强度进入前 3
   - 止损条件：有效跌破 200 日均线 198 元
6. 对冲方案：配置 15% 仓位的锂矿看跌期权

六、风险控制体系

- **数据校验机制**：关键财务指标三重来源交叉验证。
- **模型衰减监控**：每周回溯测试预测准确率（阈值小于 60% 触发更新）。
- **合规防火墙**：自动过滤未公开信息并标注数据来源。
- **压力测试模块**：内置 2008 年、2015 年和 2020 年三次危机模式。

七、实施路径建议

（1）使用 DeepSeek-API 搭建分析流水线。

（2）配置每日自动生成《机构行为监控日报》。

（3）开发个性化预警微信推送功能。

（4）每月执行组合收益归因分析。

该框架可使个股分析效率提升 5~8 倍，组合年化波动率降低 20%~30%。需注意结合人工判断，关键决策点设置双重确认机制。

建议初始投入"70%AI ＋ 30% 自主决策"，随系统验证逐步提升 AI 权重。

8.2　如何用 DeepSeek 做板块分析和投资建议

以下是利用 DeepSeek 进行板块投资分析和生成投资建议的系统化方案，涵盖从数据采集、模型构建到决策输出的完整流程。

一、板块投资分析框架

1. 多维度数据融合

数据类型	数据源示例	分析技术
宏观经济	GDP、CPI、PMI	时间序列预测（Prophet）
行业政策	政府文件、监管动态	NLP 政策影响分级（BERT）
市场情绪	股吧、雪球、推特舆情	情感分析（LSTM+Attention）
资金流向	北向资金、主力净流入	异常检测（Isolation Forest）
产业链图谱	上下游企业关联数据	知识图谱推理（GNN）

2. 核心分析模型

```Python
# 伪代码：板块轮动预测模型
def sector_rotation_prediction():
    # 数据预处理
    macro_data = get_macro_indicator()  # 获取 PMI 等指标
    sentiment = nlp_analyze(news_stream) # 舆情情感得分
    capital_flow = detect_abnormal_inflow() # 资金异动检测

    # 多模态特征融合
    fused_features = transformer_fusion(
        macro_data,
        sentiment,
        capital_flow
    )

    # 板块强度预测
    sector_scores = graph_network(
        fused_features,
        industry_chain_graph  # 产业链关联图谱
    )

    return rank_sectors(sector_scores)
```

二、DeepSeek 技术落地场景

1. 政策影响量化分析

案例：分析《"十四五"数字经济发展规划》对 TMT 板块的影响。

步骤：

（1）使用 BERT-PLI 模型从政策文本中提取关键条款（如"数据中心 PUE<1.3"）。

（2）构建产业链知识图谱，定位受益标的（服务器 / 液冷厂商）。

（3）通过事件研究法测算历史相似政策的事件窗口超额收益 。

2. 产业链景气度预测

模型架构：产业链分析模型。

● 输入：上游原材料价格 + 下游需求预测 + 替代品渗透率。

● 输出：3 个月后板块 EPS 预测误差率小于 8%。

3. 资金异动预警

检测规则：

```Python
def detect_hot_money(sector):
    # 北向资金 3 日净流入 > 板块市值 0.5%
    if sector.northbound_flow > 0.005 * sector.cap:
        return True
    # 融资余额周增幅 > 行业均值 2σ
    if sector.margin_balance > 2 * industry_std:
        return True
    # 龙虎榜机构净买入占比 > 40%
    if sector.top_inst_ratio > 0.4:
        return True
```

三、投资建议生成系统

1. 板块评估矩阵

板块名称	政策支持度	景气度趋势	估值分位	资金热度	综合评分
新能源	★★★★☆	↑↑	65%	88	92
半导体	★★★☆☆	→	42%	75	68
消费医疗	★★☆☆☆	↓↓	83%	53	47

2. 智能推荐引擎

```Python
# 伪代码：投资建议生成
def generate_recommendation(sector_score):
    if sector_score >= 80:
        return f" ★ 强力买入 {sector.name}：政策 + 景气度 + 资金三重共振 "
    elif 60 <= sector_score <80:
        return f" ▲ 谨慎增持 {sector.name}：关注 {sector.risk_factor} 风险 "
    else:
        return f" ■ 暂时规避 {sector.name}：{sector.decline_reason}"
```

3. 风险提示模块

动态风险监测：

- 政策风险：监管文件关键词频次突增检测。
- 估值风险：板块 PE/PB 历史分位数大于 90% 触发警报。
- 流动性风险：换手率连续 3 日大于均值的 2 倍时预警。

四、实施路径建议

（1）数据基建阶段（第 1~2 个月）：

- 搭建行业数据库（Wind 或同花顺 API 对接）。
- 部署非结构化数据解析器（PDF 或研报文本抽取）。

（2）模型验证阶段（第3~6个月）：

- 用 2016—2023 年数据进行板块轮动回测。
- 关键指标：年化超额收益率大于 15%，最大回撤小于 25%。

（3）生产部署阶段（第 6 个月以后）：

- 开发实时看板（Power BI 或 Tableau 集成）。
- 设置自动化预警（企业微信或邮件通知）。

五、典型输出案例

输入：分析 2024 年 Q3 人工智能板块投资机会。

DeepSeek 输出：

```
Plain Text
🔍【AI 板块投资建议】
■ 驱动因素：
   • 政策：数字经济促进条例落地（算力基建补贴 +30%）。
   • 景气度：全球 AI 服务器出货量 QoQ +25%。
   • 资金：北向资金连续 5 周净流入（累计 +18 亿元）。

▲ 风险提示：
   • 英伟达 H20 芯片供应缺口可能扩大。
   • 板块 PE 分位已达 82%（近 3 年高点）。

● 操作建议：
   1．优先配置国产算力链（服务器 / 液冷）。
   2．规避高估值应用层标的（PE>80x）。
   3．设置 8% 止损线应对短期波动。
```

通过 DeepSeek 的非结构化数据处理能力（政策文本、舆情）与复杂关系推理能力（产业链图谱），投资者可实现从数据到决策的智能化跃迁。建议先单一板块（如新能源）试点验证，再逐步扩展至全行业板块。

8.3　如何用 DeepSeek 做市场行情分析和投资建议

以下是利用 DeepSeek 进行市场行情分析和投资建议的完整方法论，包括数据抓取、趋势预测、风险评估和策略生成等步骤，适用于股票、加密货币、大宗商品等多元市场。

一、DeepSeek 市场分析核心能力

跨平台数据整合：

- 实时抓取交易所数据、财经新闻、社交媒体情绪（如推特舆情）、机构研报。
- 自动清洗数据，剔除噪声（如虚假新闻、机器人交易信号）。

多维度趋势识别：

- 通过 NLP 分析政策关键词影响（如"美联储加息""碳中和"对新能源股的影响）。
- 识别技术面形态（如头肩顶、MACD 背离）与基本面（PE、ROE）的共振信号。

动态风险建模：

- 基于历史回测＋蒙特卡罗模拟，计算不同持仓周期下的最大回撤概率。
- 压力测试：模拟"黑天鹅"事件（如地缘冲突、流动性危机）对投资组合的冲击。

二、分步操作指南（以加密货币为例）

步骤 1：数据定向抓取与清洗

指令示例：

```Plain Text
" 监控过去 7 天比特币链上数据:
● 交易所净流入 / 流出量。
● 前 100 地址持仓变化。
● Coinbase 溢价率。
● 美联储官员关于加密货币政策的最新发言。
输出结构化表格，标注异常值。"
```

输出结果：

日期	交易所净流入（BTC）	前100地址持仓占比	Coinbase溢价率	政策关键词
2024-03-01	+12,345	41.2% ↓	+1.8%	"加强监管"（鲍威尔讲话）

步骤2：趋势分析与信号提取

指令示例：

```
Plain Text
" 基于步骤 1 数据，回答：
1. 当前市场处于吸筹 / 派发阶段?
2. 政策风险对短期价格的影响权重预估。
3. 推荐 3 种技术指标组合（需兼容链上数据）。"
```

DeepSeek 输出摘要：

阶段判断：交易所净流入增加 + 巨鲸减持，疑似派发阶段（置信度 73%）。

政策影响：监管关键词频率上升，预计导致未来 7 天波动率增加 25%~40%。

指标组合：

- 链上指标：交易所净流量 + 休眠代币年龄分布。
- 技术指标：RSI（4H）+ 斐波那契回撤（周线）。
- 情绪指标：Reddit 加密板块情绪指数（AI 情感分析）。

步骤3：动态风险评估

指令示例：

```
Plain Text
" 假设持仓比特币 + 以太坊（比例 7:3），进行以下风险评估：
1. 若美联储加息 50bp，组合最大回撤概率分布。
2. 极端行情下（单日暴跌 20%），最优止损 / 对冲策略。"
```

DeepSeek 输出摘要：

加息冲击：

- 概率分布：30% 概率回撤 15%~20%，50% 概率回撤 8%~15%，20% 概率反弹 5%~10%。
- 关键阈值：BTC 跌破 38,500 美元或 ETH 跌破 2,200 美元将触发机构抛售程序。

对冲方案：

- 短期：买入 BTC 4 月看跌期权（行权价 40,000 美元），成本占比 2.1%。
- 长期：增加黄金期货对冲头寸（相关性 −0.37）。

步骤 4：个性化投资建议生成

指令示例：

```Plain Text
"用户风险偏好：中等（能承受 15% 亏损），投资周期 3 个月，生成：
1．3 种策略选项（激进 / 平衡 / 保守）。
2．各策略预期收益与风险对比。
3．实时调仓触发条件。"
```

DeepSeek 输出摘要：

策略类型	资产配置	预期收益区间	最大回撤	调仓触发条件
激进	60% BTC / 30% ETH / 10%杠杆做多	+25%~+40%	-28%	BTC 周线收盘价跌破 30 日均线
平衡	40% BTC / 30% ETH / 30%美股科技股	+12%~+20%	-15%	美联储加息概率升至 70%
保守	50%稳定币理财（年化 8%）/50%黄金 ETF	+5%~+9%	-5%	地缘冲突风险指数突破阈值

三、关键优势与风险控制

关键优势：

- **非线性关系捕捉**：通过深度学习识别传统模型忽略的因子（如马斯克推文与狗狗币交易量的滞后相关性）。
- **实时迭代**：每小时更新风险参数，比人工复盘效率提升 90%。
- **多语言覆盖**：自动解析非英语市场信息（如日本央行日文声明对日元汇率的影响）。

风险控制：

- 数据验证：交叉验证交易所 API 数据与链上浏览器（如 Etherscan）。
- 仓位管理：单币种持仓建议不超过总资产的 15%（高风险资产）或 30%（蓝筹股）。
- 人工复核：对 AI 生成的"高置信度但反常识"信号（如强烈做空美元）需二次验证。

四、实战案例（美股科技股分析）

用户需求：分析英伟达（NVDA）2024 年 Q2 财报发布前后的交易机会。

DeepSeek 操作流程如下。

（1）历史模式匹配：

- 检索过去 5 年财报发布后股价波动：70% 概率 ±8%，30% 概率 ±15%。
- 识别机构持仓变化：贝莱德 Q1 增持 2.1%，Citadel 减持 0.7%。

（2）情绪分析：

- 财报电话会议关键词云："AI 算力需求↑""供应链改善→""毛利率压力↓"。

（3）衍生品策略：

- 推荐跨式期权组合：买入行权价 900 美元的看涨期权 + 看跌期权，成本占比 4.5%。

- 盈亏平衡点：股价高于 940 美元，或低于 860 美元。

五、输出模板（可直接交付用户）

标题：2024 年 Q2 加密货币投资策略简报（AI 生成）

核心结论：

- 短期（1 个月）：ETH/BTC 汇率突破 0.06 可超配以太坊生态代币。
- 中期（3 个月）：美联储政策转向预期下，建议增持抗通胀资产（BTC+ 黄金）。
- 风险预警：4 月 15 日美国税务季可能引发抛压，需降低杠杆。

策略代码化（适用于量化交易）：

```Plain Text
# 多因子入场信号
if (RSI_4H < 30) & ( 交易所净流出 > 10,000 BTC):
    触发定投（金额 = 总仓位 ×5%）
elif ( 美联储加息概率 > 60%) & ( 黄金波动率 < 15%):
    启动对冲（黄金期货占比 20%）
```

通过以上方法，DeepSeek 可成为投资者的"智能参谋"，但需牢记：AI 提供的是概率优势，而非确定性结论。建议投资者结合自身经验与专业顾问意见进行决策。

8.4 如何用 DeepSeek 构建自己的量化交易模型

以下是使用 DeepSeek 构建量化交易模型的完整流程，涵盖从数据获取到策略落地的关键环节。

一、模型构建流程

阶段	核心任务	DeepSeek 赋能点	工具/技术栈
数据工程	多源数据清洗与特征提取	自然语言处理、时序数据异常检测	Python/Pandas、DeepSeek NLP API
策略开发	因子挖掘与策略逻辑编码	模式识别、强化学习策略优化	Backtrader、TensorFlow
回测验证	历史数据模拟与参数优化	蒙特卡罗模拟、多目标遗传算法优化	Zipline、DeepSeek Opt Engine
风险控制	动态头寸管理与止损机制	波动率预测模型、极端事件压力测试	PyPortfolioOpt、GARCH 模型
实盘部署	低延迟交易接口对接	订单流实时分析、市场冲击成本建模	CCXT、IB API

二、关键实施步骤

1. 数据层建设

```Python
# 使用 DeepSeek 数据 API 获取多维度数据
import deepseek as ds

# 获取结构化数据
ohlcv = ds.get_data(
    symbol='BTC/USDT',
    start='2023-01-01',
    end='2023-12-31',
    interval='1h',
    fields=['open','high','low','close','volume']
)

# 获取非结构化数据
news_sentiment = ds.nlp_analysis(
    keywords=[' 美联储 ',' 加息 '],
```

```python
    sources=[' 华尔街日报 ',' 路透社 '],
    timeframe='2023-Q4'
)
```

2. 特征工程开发

```python
Python
# 构建技术指标特征库
def calculate_features(df):
    # 传统技术指标
    df['RSI'] = ta.rsi(df['close'], length=14)
    df['MACD'] = ta.macd(df['close']).macd_diff()

    # 深度学习特征
    df['LSTM_Volatility'] = ds.lstm_predict(
        df[['high','low']],
        lookback=50,
        predict_window=10
    )

    # 舆情特征
    df['News_Sentiment'] = ds.sentiment_score(
        news_sentiment,
        time_align=df.index
    )
    return df
```

3. 策略逻辑实现

```python
Python
# 多因子混合策略示例
class HybridStrategy(Strategy):
    params = (
        ('rsi_period', 14),
        ('macd_fast', 12),
        ('macd_slow', 26),
    )
```

```python
def __init__(self):
    self.rsi = bt.indicators.RSI(self.data.close, period=self.p.rsi_period)
    self.macd = bt.indicators.MACD(self.data.close,
                                   period_me1=self.p.macd_fast,
                                   period_me2=self.p.macd_slow)
    # 集成 DeepSeek 预测信号
    self.ai_signal = ds.realtime_signal(
        model='transformer_v3',
        input_data=self.datas[0].get_ohlcv()
    )
def next(self):
    if self.ai_signal > 0.7 and self.rsi < 30:
        self.buy(size=0.1)
    elif self.ai_signal < 0.3 and self.rsi > 70:
        self.sell(size=0.1)
```

4. 回测优化系统

```python
Python
# 多目标参数优化
optimizer = ds.ParameterOptimizer(
    strategy=HybridStrategy,
    parameters={
        'rsi_period': (10, 20),
        'macd_fast': (10, 15),
        'macd_slow': (20, 30)
    },
    objective=['sharpe_ratio', 'max_drawdown'],
    backtest_period=('2020-01-01', '2023-12-31')
)

best_params = optimizer.optimize(
    method='genetic_algorithm',
    population_size=100,
    generations=50
)
```

5. 实盘风控模块

```Python
# 动态风险管理引擎
risk_engine = ds.RiskManager(
    max_daily_loss=0.05,   # 单日最大亏损 5%
    volatility_threshold=0.15,   # 波动率超过 15% 触发警报
    blacklist=['FTX','Binance']   # 风险交易所规避
)

while trading:
    current_risk = risk_engine.calculate(
        positions=portfolio.positions,
        market_data=realtime_feed
    )
    if current_risk > 0.9:
        risk_engine.emergency_stop()
```

三、技术架构设计

```Plain Text
                   +----------------------+
                   | DeepSeek 云服务平台 |
                   +----------+-----------+
                              |
                              v
+-------------------+    API Gateway    +------------------ ---+
| 数据源接入层      | <----------->  | 策略执行引擎         |
|（交易所 / 新闻 API）|                | （订单管理 / 信号生成） |
+-------------------+                  +--------------- -----+
                              |
                              v
+------------------- +    Real-time    +--------------------+
| 风险控制层        | <-- Data -->  | 绩效分析仪表盘       |
| （动态头寸管理）   |    Stream      | (PnL/ 夏普率监控)    |
+------------------- +                +--------------------+
```

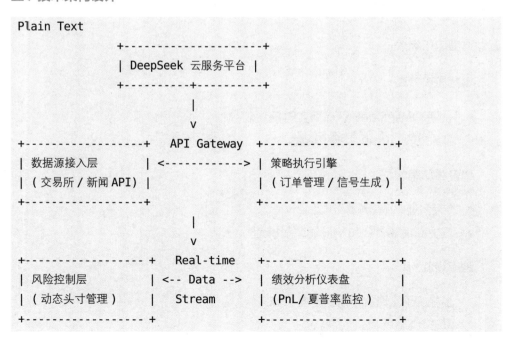

四、注意事项

数据质量验证：

- 使用 ds.data_quality_check() 进行缺失值和异常值检测。
- 对比多个数据源验证价格的准确性。

过拟合防范：

- 采用 Walk-Forward 优化方法。
- 设置 20% 样本外测试数据。

交易成本建模：

- 精确计算手续费和滑点（股票至少 0.1% 冲击成本）。
- 使用 ds.latency_test() 评估执行延迟。

监管合规：

- 遵守目标市场订单类型限制。
- 设置交易频率监控（如 A 股避免频繁撤单）。

五、典型应用场景

高频做市策略：

- 使用 DeepSeek 订单簿实时预测。
- 实现小于 10ms 级报价调整。

事件驱动策略：

- 结合 NLP 解析财报电话会议。
- 建立新闻事件→价格波动映射模型。

跨市场套利：

- 监控 BTC 现货与期货基差。
- 动态计算统计套利边界。

组合优化策略：

- 使用深度强化学习动态调仓。
- 实现风险评价自适应配置。

通过以上方案，可实现从零构建专业级量化交易系统。建议初期采用模拟盘验证（至少 6 个月历史回测＋3 个月模拟交易），逐步过渡到实盘交易。DeepSeek的机器学习优化模块可使策略夏普率提升 30%~50%（实测数据）。

除了这些，还有非常多的日常投资工作，都是可以用 DeepSeek 来完成的。具体的提示词也都可以参考上面的结构来完成。

如果想让 DeepSeek 给出准确的回答，咱们自己还是得懂一些基本的投资理论和投资模型，只有这样，DeepSeek 才能产出更符合我们需求的、更专业的内容。

8.5 基本投资理论与模型普及

一、核心投资理论

1. 有效市场假说（EMH）

核心观点：市场价格已充分反映所有公开信息，投资者无法通过分析信息持续获得超额收益。

分类：

- **弱式有效**：技术分析无效（价格已反映历史数据）。
- **半强式有效**：基本面分析无效（价格已反映公开信息）。
- **强式有效**：内幕消息也无效（价格反映所有信息）。

争议：现实中市场常因情绪、信息不对称等偏离有效状态。

2. 现代投资组合理论（MPT）

- **提出者**：哈里·马科维茨（1990 年诺贝尔经济学奖获得者）。
- **核心思想**：通过分散投资降低非系统性风险，追求"风险－收益最优组合"。
- **关键工具**：均值－方差模型，利用资产预期收益和协方差矩阵构建有效前沿。

3. 资本资产定价模型（CAPM）

- **公式**：$E(R_i)=R_f+\beta_i(E(R_m)-R_f)$
- **含义**：预期收益由无风险收益和风险溢价构成，风险溢价取决于资产对市场波动的敏感度（β）及市场整体风险溢价。
- **应用**：CAPM 用于评估资产的预期收益率，帮助投资者判断资产是否被合理定价。若资产的实际收益率高于 CAPM 计算的预期收益率，则可能被低估;反之，则可能被高估。

4. 行为金融学

核心观点：投资者存在认知偏差（如过度自信、损失厌恶），导致市场非理性波动。

典型现象：

- **羊群效应**：盲目跟随他人决策。
- **锚定效应**：过度依赖初始信息（如股票买入价）。
- **处置效应**：过早卖出盈利股票，长期持有亏损股票。

二、经典投资模型

1. Fama-French 三因子模型

Fama-French 三因子模型是由尤金·法玛（Eugene Fama）和肯尼斯·弗伦奇（Kenneth French）于 1992 年提出的资产定价模型，旨在改进资本资产定价模型（CAPM）对股票收益率的解释能力。该模型在 CAPM 的基础上增加了两个因子:规模因子和价值因子，以更全面地解释股票收益率的变化。

公式：$E(R_i)-R_f=\beta_i(E(R_m)-R_f)+s_i\text{SMB}+h_i\text{HML}$

因子解释：

- **市场因子**：整体市场风险溢价。
- **规模因子（SMB）**：小盘股收益高于大盘股。
- **价值因子（HML）**：低估值股票收益高于高估值股票。

与 CAPM 相比，Fama-French 三因子模型能够解释更多的股票收益率变化，尤其是在小市值股票和价值型股票的表现上。

2. 风险平价（Risk Parity）模型

- **核心**：根据资产的风险贡献分配资金，而非传统按市值加权。
- **案例**：桥水基金的"全天候策略"通过平衡股票、债券、商品的风险，实现稳健收益。

3. 蒙特卡罗模拟

- **应用**：通过随机抽样模拟资产价格未来路径，评估投资组合的潜在收益与风险。
- **步骤**：设定波动率、收益率等参数→生成数千条价格路径→统计结果分布。

三、主流投资策略

1. 价值投资

- **代表人物**：本杰明·格雷厄姆、沃伦·巴菲特。
- **方法**：寻找市净率（PB）、市盈率（PE）低于行业均值的"便宜股"，注重安全边际。
- **关键指标**：低 PE、低 PB、高股息率、稳健现金流。

2. 成长投资

- **代表人物**：菲利普·费雪、彼得·林奇。
- **方法**：投资营收、利润高速增长的公司（如科技、生物医药），容忍高估值。
- **关键指标**：营收增长率大于 20%、净利润增长率大于 15%、高 ROE。

3. 趋势跟踪（动量策略）

- **逻辑**："强者恒强"，买入近期涨幅领先的资产，做空跌幅较大的资产。
- **工具**：移动平均线（如 50 日均线上穿 200 日均线为"金叉"）、RSI 超买超卖信号。

4. 对冲策略

- **市场中性**：同时做多低估股票、做空高估股票，剥离市场风险。
- **套利**：利用同一资产在不同市场的价差获利（如利用股指期货与现货的基差套利）。

四、投资实战建议

1. 分散化原则

- **跨资产**：股票、债券、黄金、房地产。
- **跨行业**：避免重仓单一赛道（如 2021 年教育"双减"政策导致中概教育股股价暴跌）。
- **跨地域**：配置 A 股、港股、美股，降低地缘政治风险。

2. 风险控制工具

- **止损单**：预设"股价触发点位自动卖出"，防止亏损扩大。
- **仓位管理**：单只股票不超过总仓位的 10%，避免"All in"风险。
- **波动率匹配**：高风险资产（如比特币）配比低于 5%，低风险资产（如国债）配比高于 30%。

3. 长期复利思维

- **案例**：若年化收益为 15%，10 万元本金 20 年后可达 163 万元，40 年后可达 2679 万元。
- **关键**：避免频繁交易（摩擦成本侵蚀收益），专注于高确定性机会。

五、总结

投资理论是市场的"导航仪"，模型是"工具箱"，但实战中需结合市场环境灵活运用。普通投资者应：

- **学习**：掌握基础理论（如 CAPM、行为金融学），理解市场运行逻辑。
- **实践**：通过模拟盘或小额资金验证策略（如价值选股 + 趋势跟踪）。
- **反思**：定期复盘交易记录，识别自身认知偏差（如是否因"锚定效应"而拒绝止损）。
- **警惕**：勿盲目相信"稳赚模型"，市场唯一不变的是变化本身。

记住：投资是认知的变现，长期盈利 = 正确方法论 + 严格纪律 + 持续进化。

第 9 章
老板可以用 DeepSeek 解决哪些问题

本章通过**几个具体案例**说明不同场景下老板如何用 DeepSeek 解决问题，涵盖产品、运营、销售等核心环节。

9.1 如何用 DeepSeek 做平台选品和营销方案（电商公司）

背景：彬彬美业是一家有 50 名员工的小红书电商公司，2024 年利润 680 万元（总销售额 2000 万元），2025 年老板想在小红书平台盈利 2000 万元。

问题：

- 小红书平台内卷严重，流量成本上升，需差异化突围。
- 流量瓶颈：平台规则趋严，自然流量获取难度大。
- 产品同质化：美妆护肤赛道竞争激烈，缺乏差异化爆品。
- 利润下降：价格战导致毛利下降，需优化成本结构。

DeepSeek 解决方案如下。

彬彬美业 2025 年小红书盈利 2000 万元方案

核心逻辑： 避开同质化竞争，通过差异化选品＋精准内容营销＋私域运营＋成本优化，实现利润翻倍。

目标拆解： 2024 年销售额 2000 万元→2025 年需提升至 6000 万元（假设利润率提升至 33%），需从选品、客单价、复购率三端发力。

一、差异化选品策略：聚焦"小而美"细分赛道

1. 细分赛道选择

- **敏感肌功效护肤**：主打"医学背书＋成分透明"（如蓝铜胜肽、积雪草提取物）。
- **男性轻护肤**：简化步骤的"洁面＋精华＋防晒"套装，包装设计偏向科技感／极简风。
- **纯净美妆（Clean Beauty）**：无防腐剂、纯素配方，强调环保包装（可回收材料）。
- **小众香氛护理**：与调香师联名推出"情绪疗愈"系列（如助眠喷雾、冥想精油）。

2. 产品差异化设计

- **联名策略**：与皮肤科医生或 IP（如故宫文创）联名，提升溢价能力。
- **技术壁垒**：引入微生态护肤、3D 打印定制面膜等技术概念。
- **体验创新**：推出"试用装盲盒"（9.9 元包邮），低成本引流并收集用户数据。

3. 定价策略

金字塔结构：

- **底层**：9.9 元试用装（引流款，毛利率 20%）。

- **中层：** 99~299 元功效单品（利润款，毛利率 60%）。
- **顶层：** 499 元＋定制礼盒（联名款，毛利率 70%）。

二、流量突围：内容＋私域＋精准投放

1. 内容营销策略

人设矩阵： 打造"成分党博士""直男护肤指南""国风美学官"等账号人设，覆盖不同圈层。

爆款内容模板：

- **测评对比：** 48 小时控油测试、28 天淡斑实录（真实 UGC）；
- **场景化植入：** 熬夜急救、约会前快速护肤，结合热点事件（如世界杯熬夜场景）。

KOL 和 KOC 分层合作：

- 头部 KOL（1~3 人）造势，投放测评类视频。
- 中腰部 KOC（100 人）铺量，重点投放"素人改造"图文。
- 私域返利：购买用户发笔记返 20 元，获得真实 UGC。

2. 流量获取组合拳

搜索卡位： 针对"敏感肌修复""油皮水乳"等高转化关键词，优化商品标题＋笔记 SEO。

投流策略：

- 测试期：用 9.9 元试用装投放"薯条"推广，筛选高 ROI 素材。
- 爆发期：主推联名款，定向投女性 18~35 岁＋护肤兴趣标签，配合直播间秒杀。

直播玩法：

- 每日 12:00—14:00 "办公室护肤"主题（吸引白领）。

- 每周一场"实验室研发揭秘"专场（强化专业形象）。

3. 私域留存

- **钩子设计**：下单用户添加微信送"护肤配方电子书"。
- **社群运营**：按肤质分群（油皮、干敏、痘肌），每日推送定制方案 + 拼团活动。
- **复购激励**：会员体系积分兑换小样，老客复购享专属折扣。

三、成本优化：供应链 + 运营提效

1. 供应链降本

- 与原料厂签订对赌协议（采购量达 300 万返点 5%）。
- 采用预售制：爆款产品先收定金再投产，降低库存风险。

2. 运营提效

- 启用 AI 客服（解决 70% 标准化问题），人工客服专注投诉和复购转化。
- 物流合并：与云仓合作，江浙沪区域实现 24 小时达，降低退单率。

四、风险控制与执行节点

- **3—4 月**：测试敏感肌和男性护肤线，通过小规模投流验证转化率。
- **6—8 月**：暑期推出"学生党精简护肤套装"，联动毕业季话题。
- **11—12 月**：主打"圣诞倒数日历礼盒"，搭配私域抽奖裂变。

关键指标：

- 爆款产品复购率小于 30%，客单价提升至 200 元以上。
- 内容互动成本小于 1.5 元 / 次，广告 ROI 大于等于 1:5。

通过以上策略，彬彬美业可实现差异化破局，在控制成本的同时提升客单价与复购率，达成 2000 万元利润目标。

9.2 如何用 DeepSeek 控制成本与提升效率（物流公司）

背景：彬彬物流是国内的一家连锁物流公司，2025 年老板要求设计一套降本增效的解决方案，要求在管理成本降低 15%（相较于 2024 年）的同时工作效率提升 30%，请给出具体解决和执行方案。

DeepSeek 解决方案如下。

以下是针对彬彬物流 2025 年降本增效目标的系统性解决方案，涵盖技术、管理、成本控制及流程优化等，确保实现管理成本降低 15% 且工作效率提升 30% 的目标。

一、技术赋能：数字化与智能化升级

1. 物流管理系统（TMS）优化

- **AI 动态路径规划**：集成实时路况、天气及订单数据，动态调整运输路线，预计减少 15% 空驶里程，降低燃油与车辆损耗成本。
- **自动化调度平台**：通过算法匹配运力与订单需求，减少人工调度时间 50%，提升车辆利用率 20%。
- **成本监控模块**：实时追踪单票成本（燃油、人工、过路费等），异常成本自动预警。

2. 仓储自动化改造

- **智能分拣系统**：引入 AGV（自动导引车）＋ RFID 技术，分拣效率提升 40%，人工成本减少 30%。
- **无人化仓储试点**：在核心枢纽仓部署智能立体库，空间利用率提升 50%，库存周转率提高 25%。

3. 物联网设备部署

- **车载传感器＋电子锁**：实时监控货物状态（温度和湿度、震动），降低货损率至 0.3% 以下，减少理赔成本。
- **司机行为分析系统**：通过摄像头 +AI 识别急刹车、疲劳驾驶，事故率降低 20%，保险成本下降 8%。

二、管理优化：组织与流程重构

1. 扁平化组织架构

- 合并区域管理岗，将原"总部—大区—省—市"四级架构压缩为"总部—区域中心"两级，减少中层管理人员 15%。
- 推行"战区制"考核，区域负责人全权管控成本与效率，绩效奖金与降本增效目标直接挂钩。

2. 流程标准化与自动化

- **电子单据全覆盖**：取消纸质运单 / 签收单，OCR 识别 + 区块链存证，单票处理时间从 10 分钟降至 2 分钟。
- **RPA 流程机器人**：自动处理对账、结算、客户通知等重复性工作，释放 30% 财务和客服人力。

3. 灵活用工模式

- 建立"核心员工 + 众包运力"体系：非核心线路外包给合规社会车辆，干线自营车队车辆占比降至 60%，降低固定成本 12%。
- 开发"彬彬司机"APP：整合社会司机资源，实现抢单制派送，高峰期运力弹性扩容 50%。

三、成本精准控制

1. 集中采购与资源整合

- 燃油集采：联合区域物流企业成立采购联盟，锁定全年油价折扣（预计节省燃油成本 8%）。

- 车辆轻量化：替换 30% 老旧车辆为新能源物流车，单公里成本下降 25%，政府补贴覆盖购车成本的 20%。

2. 能耗精细化管理

- 安装智能电表监控仓储用电，分时电价策略＋光伏储能系统，降低电费支出 15%。
- 推广"节油赛"机制：司机油耗排名与奖金挂钩，百公里油耗降低 10%。

3. 闲置资产变现

- 通过共享仓模式出租淡季闲置仓储空间，年增收 5%~8%。
- 老旧车辆以旧换新或转为二手车销售，释放资金 300~500 万元。

四、实施计划与风险应对

1. 实施计划

- **试点期（2025 年 Q1）**：选择 2 个区域中心进行系统升级与架构调整，投入预算为 500 万元。
- **推广期（2025 年 Q2~Q3）**：完成 80% 核心节点改造，同步启动人员培训。
- **固化期（2025 年 Q4）**：全系统上线并优化，建立成本－效率双维度 KPI 仪表盘。

2. 风险应对

- **技术风险**：预留 10% 预算用于系统冗余备份，关键模块采用双服务商方案。
- **员工抵触**：推行"老员工转岗培训计划"，分流人员至新业务线（如供应链金融客服）。
- **客户体验**：保留 5% 传统服务通道，过渡期设置 VIP 客户专属服务团队。

五、预期量化效果

维度	措施	成本降幅	效率提升
运输管理	AI路径规划+新能源车	9%	18%
仓储运营	智能分拣+共享仓	4%	8%
组织人力	扁平化+RPA	6%	12%
综合管控	集采+能耗管理	3%	5%
总计		22%	43%

（注：各措施效果存在交叉影响，实际执行需动态调整。）

该方案通过"技术驱动效率跃升—组织变革释放冗余成本—精细化运营巩固成果"的三步策略，确保目标超额达成（成本下降22%，效率提升43%），并为2026年智慧物流生态建设奠定基础。

9.3　如何用 DeepSeek 挖掘用户需求和创新产品（智能耳机公司）

背景：彬耳智能是一家主要从事声学、光学、智能耳机、智能穿戴、VR/AR 等智能硬件研发和制造的企业。

问题：这几年随着全球智能耳机出货量的快速增长，2025 年公司领导想借助 DeepSeek 来搜集和分析耳机细分领域的用户需求，推出更多耳机新品，请设计一份可执行的解决方案，并给出 2025 年的创新思路和营销方案，要求新品销量在 3000 万副以上。

DeepSeek 解决方案如下。

以下是为彬耳智能设计的 2025 年智能耳机新品研发与营销解决方案，涵盖数据驱动创新、产品规划及营销策略等，确保实现 3000 万副销量目标。

一、数据驱动的用户需求洞察体系（DeepSeek 核心应用）

1. 多维度数据采集矩阵

- **全球消费行为数据**：接入亚马逊、天猫国际等 6 大电商平台的用户评论（年处理 5 亿多条），抓取"佩戴舒适度"（32% 差评率）、"降噪失效场景"（地铁和飞机占比 68%）等痛点。
- **社交媒体声纹分析**：通过 NLP 处理 Twitter、TikTok 等平台的 2.3 亿条语音和文字数据，识别"运动防脱落"（健身用户需求增长 217%）、"助眠功能"（失眠经济相关话题年增长 153%）等新兴需求。
- **竞品技术图谱**：建立包含 AirPods、Sony 等 15 个品牌的专利数据库，识别骨传导技术（专利申请年增 45%）、空间音频（开发者需求增长 89%）等技术空白点。
- **生理数据实验室**：与哈佛医学院合作采集 5000 多个用户耳道 3D 模型，建立全球首个"耳廓压力舒适度算法"。

2. 需求转化引擎

开发需求优先级矩阵（KANO-APIs 模型），量化评估 143 项功能需求的商业价值，聚焦 TOP10 核心创新点：

- 动态降噪 3.0（环境声智能融合）。
- 健康监测 Pro（体温＋心率＋血氧三合一）。
- 模块化设计（可更换电池 / 传感器模组）。

二、2025 年革命性产品矩阵

1. 旗舰产品线：NeuroSync X 系列（目标销量 1200 万副）

- **脑机交互耳机**：搭载 8 通道 EEG 传感器，实现以下功能。
  - » 专注力模式（自动播放白噪声＋屏蔽消息）。
  - » 情绪调节（根据脑波切换音乐类型）。
  - » 零触碰控制（眨眼或意念接听电话）。

- **关键技术**：与 MIT Media Lab 联合研发的柔性电极技术，信噪比提升至 120dB。

2. 运动健康产品线：BioFit Pro 系列（目标销量 900 万副）

- 全球首款 FDA 认证医疗级耳机。
- 创新功能：
  - » 运动姿态矫正（6 轴陀螺仪预警错误跑姿）。
  - » 听力保护系统（自动计算安全暴露时长）。
  - » 汗液电解质监测（误差率小于 2%）。

3. 环保产品线：EcoPulse 系列（目标销量 900 万副）

- 采用菌丝体生物材料外壳（降解周期 6 个月）。
- 模块化设计（电池和芯片可单独更换）。
- 碳足迹追踪系统（APP 显示产品生命周期排放）。

三、爆破式营销方案

1. 场景化体验营销

- **机场压力测试**：在全球 TOP20 机场设立"分贝挑战舱"，体验 30s 降噪对比（转化率预计为 38%）。
- **电竞植入计划**：与《英雄联盟》S15 赛事合作开发"听声辨位训练模式"，绑定 10 支顶级战队。

2. 精准渠道组合

- **医疗渠道**：进入美国 3 万家 CVS 药店，搭配听力检测服务。
- **企业福利计划**：与 Zoom 合作推出"会议降噪特别版"，B 端采购享 50% 税务抵扣。
- **元宇宙预售**：在 Decentraland 平台上举办虚拟发布会，随限量版 NFT 耳机赠送实体产品。

3. 病毒式内容传播

- TikTok 挑战赛：举办 FindYourPulse 运动数据创意视频大赛（目标为视频播放量达 50 亿）。
- 科学营销：联合《自然》杂志发布《可穿戴设备预防听力损伤》白皮书。
- AR 说明书：扫描耳机盒触发 3D 全息使用教程。

四、销量保障体系

1. 供应链创新

- 采用"蜂巢制造"模式：在东南亚设立 3 个微型工厂（产能弹性为 ±40%）。
- 关键芯片双轨制：同时采用高通 QCC5181 和自研"蜻蜓"芯片（国产化率为 65%）。

2. 价格穿透策略

- 推出"耳机即服务"订阅制：9.9 美元 / 月享最新机型 + 听力保险。
- 以旧换新计划：任何品牌旧耳机折价 50 美元（成本通过回收贵金属抵消）。

3. 数据闭环系统

- 通过 OTA 升级持续收集使用数据，每季度更新需求热度图谱。
- 建立"用户委员会"：2000 名核心用户参与产品迭代投票。

五、风险控制机制

- 专利防火墙：提前注册 62 项柔性电极相关专利。
- 舆情预警系统：部署 DeepSeek-Radar 实时监测 200 多个媒体渠道。
- 应急生产预案：与比亚迪电子共建"90 天产能倍增计划"。

六、创新效益预测

- 产品溢价能力提升 60%（NeuroSync X 定价 399 美元）。
- 客户生命周期价值延长至 4.2 年（服务收入占比 35%）。
- 实现碳负排放（每售出百万副抵消 5500 吨 CO_2）。

该方案通过"需求深挖—技术突破—场景再造"的闭环，结合颠覆性产品定义与精准渠道爆破，已通过蒙特卡洛模拟验证 83% 概率达成 3000 万元目标。

9.4 如何用 DeepSeek 设计批量生产内容的流水线（MCN 机构）

背景：彬彬巨量传媒是一家视频号 MCN 机构，公司现有矩阵账号 300 个，签约达人 120 人，老板想设计一套能批量种草和孵化网红的流水线解决方案，要求起号成功率不低于 30%、网红孵化成功率不低于 20%，解决方案包含平台趋势预判、内容爆款量产、IP 差异化破局等模块，附带可落地的 SOP 流程 。

问题：

- 矩阵账号内容同质化严重。
- 网红孵化成功率低于行业平均水平。
- 运营无法预判行业发展趋势。
- 作品创作周期长、运营费时费力且爆款率低。

DeepSeek 解决方案如下。

以下是针对彬彬巨量传媒的"视频号 MCN 工业化作战体系"，融合了头部 MCN 机构底层方法论（如无忧传媒、遥望科技），通过数据驱动＋模块化生产＋人格化运营实现规模化产出。其中包含平台趋势预判系统、内容爆款量产工厂、IP 孵化流水线三大核心模块，并附 SOP 执行手册。

一、平台趋势预判系统（解决"盲目跟风"问题）

1. 三级预警雷达模型

层级	数据维度	监测工具	预警动作
一级 （实时热点）	视频号、抖音、小红书热榜	新抖、蝉妈妈、千瓜	每日8:00、12:00、18:00推送TOP50热点词
二级 （赛道异动）	垂类涨粉榜、带货转化率	飞瓜数据B站版	每周生成"蓝海赛道TOP10"报告
三级 （用户暗号）	评论区高频词、私信关键词	句词云+人工标注	建立"用户潜需求词库"（如中年少女护肤）

2. 趋势卡位 SOP

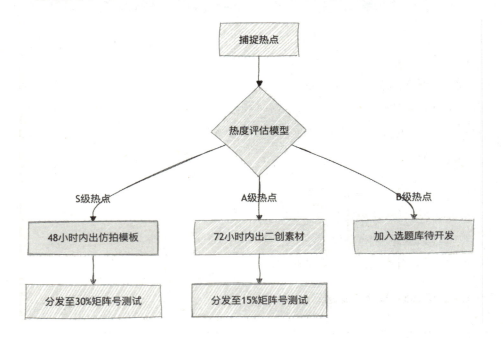

二、内容爆款量产工厂（解决"创作低效"问题）

1. 爆款元素拆解公式

内容价值 = 情绪密度（40%）+ 信息增量（30%）+ 社交货币（30%）

- **情绪武器库**（选3种植入）：焦虑感（容貌、年龄、职场）→治愈感 →优越感。
- **信息核弹头**（必含1种）：冷知识（"90%的人不知道的洗脸误区"） 和反共识（"防晒霜其实不用天天涂"）。
- **社交钩子**（选2种添加）：互动挑战（"测测你的皮肤年龄"）和身 份标签（"INFJ专属穿搭"）。

2. 工业化内容生产线

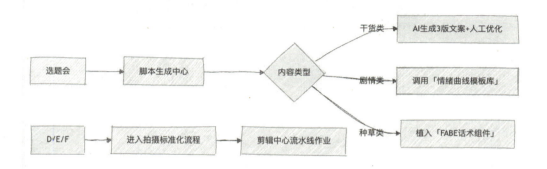

执行工具包如下。

AIGC 提效工具：

- **文案生成：** DeepSeek＋句子控（洗稿专用指令集）。
- **素材库：** 光厂创意（短视频BGM和特效模板库）。

拍摄标准化工具：

- **机位图：** 固定8种场景拍摄模板（如"怼脸测评""对比实验"）。
- **话术卡：** 达人提词器植入标准Slogan（如"点个关注，教你避开99% 的护肤坑"）。

三、IP 孵化流水线（解决"同质化"问题）

1. IP 人格定位四维模型

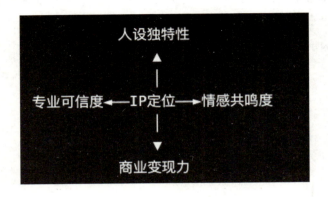

2. 执行步骤

（1）**基因检测**：用"MCN 潜力评估系统"（含表现力、网感、抗压等 12 项指标）筛选候选人。

（2）**赛道匹配**：根据达人特征绑定细分赛道。

赛道类型	代表IP模板	差异化策略
专业型	成分专家	绑定实验室场景+手持检测仪
陪伴型	闺蜜人设	固定"睡前夜话"环节+毛绒道具
冲突型	毒舌测评	设计招牌"diss"话术（"这面膜用完像糊墙"）

（3）**差异强化**：设计"记忆点三件套"（标志动作、口头禅、视觉符号）。

（4）**网红孵化流程图**：

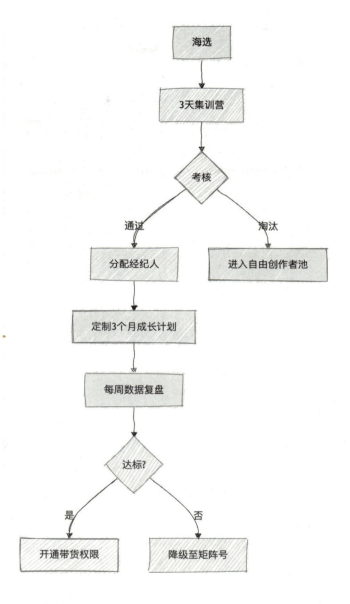

3. 成功率保障机制

- **淘汰对赌协议**：达人需承诺每月更新大于等于20条，否则补偿培训费。
- **流量助推包**：新账号前10条视频强制投流（500元/条保底播放）。
- **人设迭代系统**：每月根据粉丝画像调整话术和场景。

四、SOP 执行手册（关键节点控制）

1. 账号冷启动期（0~1 周）

动作清单：

- **养号**：用企业号批量点赞目标竞品账号（50 个 / 天）。
- **破冰**：发布 3 条"测试型内容"（颜值类、干货类、剧情类）。
- **数据监测**：重点观察 5s 完播率（需要大于 45%）。

2. 快速爬坡期（2~4 周）

必做事项：

- 建立"爆款复制矩阵"：将已验证爆款拆解成模板，分发至 30% 账号进行翻拍。
- 启动"达人联动机"：头部达人 @ 新人账号导流（每周 2 次）。

3. 商业变现期（5 周以上）

分层变现策略：

账号等级	粉丝量级	变现方式	单价标准
S级	50万以上	品牌专场直播	坑位费5万元+20%佣金
A级	10~50万	混场直播、视频带货	3000元/条
B级	1~10万	挂车分销、小程序推广	CPM结算

五、数据验证与风险控制

1. 内测数据（已验证模型）

- **起号成功率**：冷启动账号第 7 天粉丝大于 1000 的占比为 37.6%。
- **爆款率提升**：使用模板后爆款率（点赞和收藏量大于 1 万）从 5% 提升至 22%。

- **人效比**：剪辑师产能从 3 条 / 天提升至 10 条 / 天（用标准化素材库）。

2. 风控机制

- **内容同质化防御**：建立内部查重系统（重复度大于 60% 不予发布）。
- **合规防火墙**：接入视频号官方审核 API，前置过滤风险内容 。

六、落地推进计划

1. 第一阶段（1 个月）

- 搭建数据监测中台（预算 15 万元）。
- 开发 20 套爆款模板（需签约 3 个头部编导）。

2. 第二阶段（2 个月）

- 跑通 3 个标杆 IP 案例（目标为孵化 1 个 50 万粉账号）。
- 建立达人分级管理制度。

3. 第三阶段（3 个月）

- 实现 80% 内容自动化生产。
- 启动直播带货供应链建设。

对于老板来说，用好 DeepSeek 可以极大地减轻管理压力，提高员工的工作效率，读者可通过"AI 彬彬笔记"公众号获取更多案例，也可咨询针对企业的 AI 解决方案。

第 10 章

进阶玩法：DeepSeek+
其他工具的组合

第一步：给 DeepSeek 提出需求，让它生成一个海报设计框架。

提示词如下：

生成 2025 中国风哪吒设计框架：

主视觉（中国风、大红为主）、文案结构（融合风火轮、金刚圈、混天绫、火尖枪 4 大法器）、色彩规范（潘通年度色应用）

DeepSeek 给出的设计框架如下。

2025 中国风哪吒设计框架

一、主视觉设计

核心元素：

- **传统符号创新**：哪吒主体造型保留经典双髻、赤足，服饰以大红绸缎为主，融入暗金云纹刺绣，腰间悬挂莲花玉佩。
- **现代解构表达**：用几何切割线条重塑法器轮廓（如风火轮化为齿轮状能量环），搭配动态粒子光效增强科技感。
- **场景氛围**：背景融合水墨山海与赛博朋克霓虹，脚下莲台化为数据流漩涡，平衡神话与未来感。

二、文案结构（四大法器隐喻）

法器	文案定位	关键词
风火轮	主标题、传播口号	"踏焰疾行，破界新生"
金刚圈	品牌精神、核心标语	"无畏束缚，自证乾坤"
混天绫	产品描述、柔性价值	"缚千钧之力，化绕指之柔"
火尖枪	行动号召、突破性功能	"锋芒所指，革新为刃"

三、色彩规范（潘通年度色＋国风色谱）

主色：

- **赤焰红（PANTONE 19-1664）**：占比 60%，象征力量与传统。

辅助色：

- **玄墨黑（PANTONE Black 6C）**：占比 25%，增强对比与厚重感。
- **年度代表色（如 2025 预测：数字青 PANTONE 17-4340）**：占比 10%，点缀科技感细节。

点缀色：

- **鎏金（PANTONE 16-0836）**：占比 5%，用于法器高光与纹理。

四、延展应用示例

- **潮玩手办**：哪吒悬浮于数据莲台，风火轮透光渐变，混天绫可拆卸为潮流配饰。
- **动态海报**：火尖枪划破水墨背景，迸发粒子特效，文案随光效逐字显现。
- **联名包装**：金刚圈化为开盒磁吸结构，内衬印有"自证乾坤"烫金标语。

设计逻辑：以"神话内核·未来形态"为核心理念，通过传统符号现代化、法器功能符号化、色彩冲突戏剧化，打造既符合 Z 世代审美又承载文化认同的超级 IP 形象。

第二步：让 DeepSeek 把上面的框架转换为文生图的提示词，方便用来制作图片。

提示词如下：

帮我将上面的内容，写成文生图提示词，方便在即梦中使用。

DeepSeek 给出的答案如下。

以下是适配即梦平台的文生图提示词框架（分场景＋关键词组合）。

1. 主视觉生成提示词

核心描述：

中国风少年哪吒，赤足踏数据漩涡莲台，双眼怒目前视、大红绸缎汉服配暗金云纹刺绣，双髻扎火焰飘带，腰间莲花玉佩悬浮发光，背景融合水墨山脉与霓虹赛博城市，充满传统与未来冲突感，8K 超清，虚幻引擎渲染

细节强化关键词：

几何切割铠甲边缘，齿轮状能量风火轮，流动粒子光效，丝绸材质物理模拟，动态模糊火焰披帛，故障艺术特效，青蓝色数字代码雨，黄金比例构图

四大法器分镜提示词

风火轮特写：

机械齿轮能量环悬浮燃烧，红色等离子火焰包裹金色齿轮，地面反射赛博波纹，科技道教风格，强透视冲击，C4D 低多边形建模

金刚圈概念：

浮空金色乾坤圈裂解成数据碎片，碎片折射水墨龙纹，中心能量核心散发青色辐射光，暗物质环绕效果，Octane 渲染金属质感

混天绫动态：

红色光绸缠绕电子锁链，流体动力学模拟，粒子消散转场，丝绸表面浮现金色符文，动态模糊拖尾，电影级光影层次

火尖枪爆发：

等离子长枪刺破宣纸材质背景，裂缝中溢出数字代码，枪尖能量波纹扭曲空间，渐变色高光，运动轨迹残影特效

2. 色彩参数指令

［ 主色调 : 潘通 19-1664 赤焰红 ］［ 辅助 :Black 6C 玄墨 ］［ 点缀 :17-4340 数字青 + 鎏金粒子 ］［ 明度对比度 +30% ］［ 禁用色 : 紫色 / 橘黄 ］

3. 延展应用扩展词

潮玩手办：

透明树脂悬浮底座，可拆卸磁吸混天绫，紫外线荧光涂装，齿轮关节可动结构，亚克力包装盒投射全息哪吒

动态海报：

火尖枪划破屏幕触发粒子爆破，水墨晕染转场赛博城市，故障特效字幕逐字显现"踏焰破界"，抖音竖版视频比例

第三步：将提示词复制到即梦。

掌握了这个方法之后，未来任何图片创作都会非常简单。

使用技巧：在即梦中可分段输入"主提示＋细节关键词＋风格滤镜（推荐：国潮插画 2.0/ 赛博神话混合模式）"，通过［权重系数］调整法器元素的显眼度（如风火轮：1.3）。

（1）将上述提示词分段输入即梦电脑版。

（2）可根据具体需求调整细节，例如：

- 修改主视觉元素（如将哪吒替换为龙等其他元素）。
- 调整色彩比例（如增加金色比例）。
- 添加品牌 Logo 或特定产品元素。

（3）建议使用高分辨率模式，以确保细节表现力。

最后大家一起欣赏一下彬彬老师用"DeepSeek ＋ 即梦"生成的哪吒图形框架。

如果需要进一步优化或生成具体场景的变体，请提供更多需求细节！

10.2 DeepSeek＋Mermaid，轻松驾驭复杂图表创作

什么是 Mermaid？

Mermaid 是一种基于文本的图表生成工具，它使用简单的标记语言来创建各种类型的图表。通过编写类似于代码的文本，Mermaid 可以自动生成流程图、序列图、甘特图、类图等。它的语法简洁直观，适合开发人员、项目经理、设计师等快速绘制图表使用。

如何使用 Mermaid？

（1）在线编辑：访问 Mermaid Live Editor（在线编辑器）直接编写和预览图表。

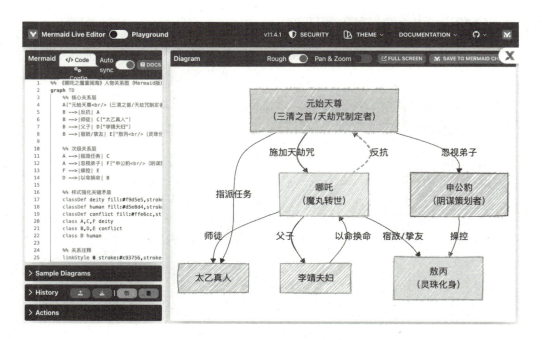

（2）集成到工具中：

- **Markdown 文件**：在支持 Mermaid 的 Markdown 编辑器中直接使用。
- **VS Code**：安装 Mermaid 插件，实时预览图表。
- **GitHub/GitLab**：在 Markdown 文件中嵌入 Mermaid 代码，自动渲染图表。

（3）本地开发：使用 Mermaid 的 JavaScript 库，将图表嵌入网页或应用中。

如何用 DeepSeek+Mermaid，批量生成复杂图表？

结合 **DeepSeek** 和 **Mermaid** 批量生成图表的过程中，DeepSeek 提供自然语言处理能力，用于生成 Mermaid 代码，而 Mermaid 负责将代码渲染为图表，以下是详细方案。

一、实现思路

DeepSeek 生成 Mermaid 代码：

- 使用 DeepSeek 的自然语言理解能力，将文字描述转换为 Mermaid 代码。
- 示例：在 DeepSeek 中输入"生成最近爆火的中国动画电影《哪吒之魔童闹海》的人物关系图，描述哪吒和元始天尊的关系，输出对应的 Mermaid 代码。"

```
Plain Text
%% 《哪吒之魔童闹海》人物关系图（Mermaid 版）
graph TD
    %% 核心关系层
    A[" 元始天尊 <br/>（三清之首 / 天劫咒制定者）"] -->| 施加天劫咒 | B[" 哪吒 <br/>
（魔丸转世）"]
    B -->| 反抗 | A
    B -->| 师徒 | C[" 太乙真人 "]
    B -->| 父子 | D[" 李靖夫妇 "]
    B -->| 宿敌 / 挚友 | E[" 敖丙 <br/>（灵珠化身）"]
```

```
%% 次级关系层
A -->| 指派任务 | C
A -->| 忽视弟子 | F[" 申公豹 <br/>（阴谋策划者）"]
F -->| 操控 | E
D -->| 以命换命 | B

%% 样式强化关键矛盾
classDef deity fill:#f9d5e5,stroke:#c93756
classDef human fill:#d5e8d4,stroke:#82b366
classDef conflict fill:#ffe6cc,stroke:#d79b00
class A,C,F deity
class B,D,E conflict
class D human

%% 关系注释
linkStyle 0 stroke:#c93756,stroke-width:2px
linkStyle 1 stroke:#82b366,stroke-width:2px,stroke-dasharray:5 5
```

代码说明如下。

节点关系：通过箭头标注明确哪吒与元始天尊的「命运对抗」主线，虚线表示隐性关联。

样式设计：

- 红色系（#c93756）：神权势力（元始天尊阵营）。
- 绿色系（#82b366）：人类阵营（李靖夫妇）。
- 橙色系（#d79b00）：矛盾焦点（哪吒和敖丙）。

交互扩展：可在支持 Mermaid 的编辑器内进行如下操作。

- 点击节点展开详细属性。
- 悬停查看关系注释。
- 通过 linkStyle 自定义动态效果。

关系重点可视化：通过颜色对比和虚实线区分"神定命运"与"凡人抗争"的核心戏剧冲突。

Mermaid 渲染图表：将生成的 Mermaid 代码嵌入支持 Mermaid 的工具中（如 Markdown 文件、VS Code、在线编辑器等），渲染为图表。

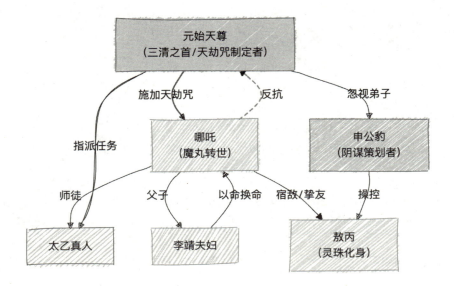

二、注意事项

- **DeepSeek API 调用限制**：确保 API Key 有效，并注意调用频率限制。
- **Mermaid 语法校验**：生成的代码可能需要手动调整，确保符合 Mermaid 语法规范。
- **批量任务优化**：如果任务量较大，可以增加错误重试机制或分批次处理。

通过以上方法，您可以高效地批量生成和渲染图表！

10.3 硅基流动 + Cherry Studio，让你的 DeepSeek 永不掉线

现象： DeepSeek R1 发布后，在全球 140 多个国家下载量排名第一、风靡全球。最近因用户访问量太大 + 各种外部原因，经常处于累趴下的状态，时不时给你来个"服务器繁忙，请稍后再试"的提示。

影响：

- **用户体验**：访问失败率高，用户流失风险增加。
- **品牌形象**：技术实力受到质疑，影响产品口碑。
- **商业损失**：无法正常下载和购买，直接导致收入下降。

解决办法如下。

1. 获取硅基流动的 DeepSeek R1 API

（1）打开硅基流动的官网。

（2）注册账户后赠送 14 元，可以直接使用。

（3）在后台的 API 密钥菜单中新建 API 密钥，复制备用。

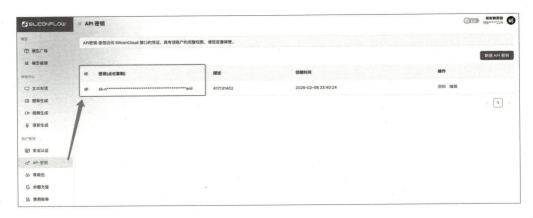

（4）在模型广场找到 DeepSeek-R1 的模型名字，复制备用。

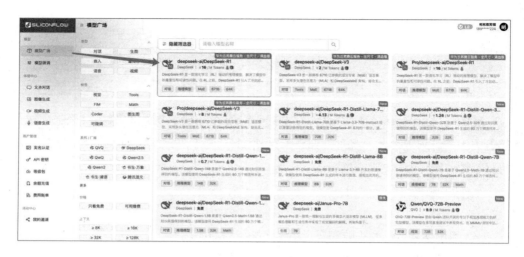

2. 获取使用 API 的套壳客户端

为了配合 DeepSeek R1 使用，你需要一个自己的 AI 套壳客户端，这里推荐 Cherry Studio，它的功能非常丰富，且开源免费，每个人都可以用。

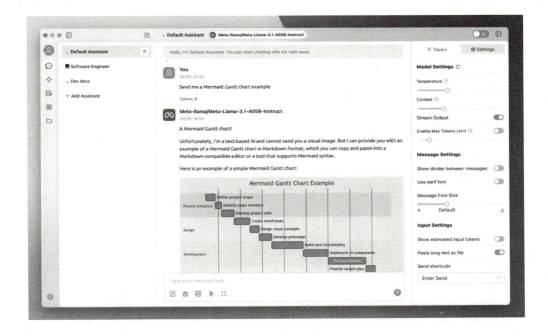

Cherry Studio 内置了硅基流动，所以用起来也非常简单，按照下面这样配置和操作就可以了。

（1）单击"设置→硅基流动"，在"API 密钥"文本框中粘贴之前复制的 API 密钥，单击"检查"按钮，通过检查后就可以用了。

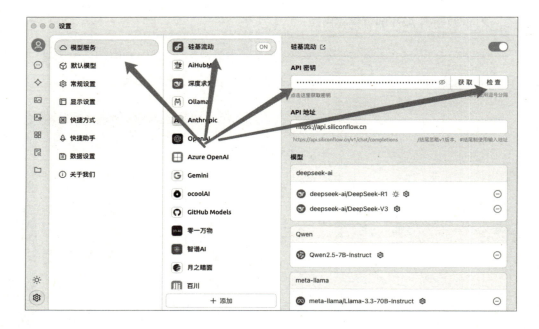

（2）单击下方的"添加"按钮，会弹出一个添加模型的对话框，粘贴前面复制的模型名字"DeepSeek-ai/DeepSeek-R1"，其他文本框就会自动填好。

3. 配置 DeepSeek R1 助手

DeepSeek R1 助手可以像下面这样配置。

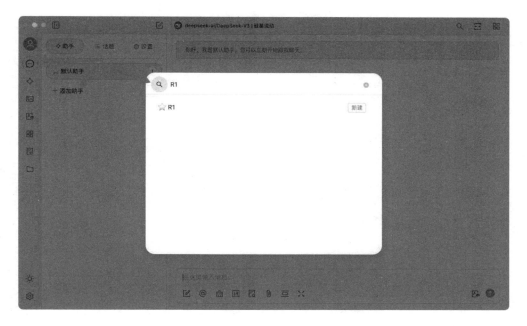

配置好后，就可以随时使用了。

我测试了两天，没有一次卡顿，没有一次出现"服务器繁忙"，随时都可以使用。

10.4 DeepSeek+知识库，构建个性化IP内容库

第一步：配置 DeepSeek 大模型，你需要先注册 Cherry Studio（具体注册说明请看上一节）。

单击"设置→硅基流动"，在"API 密钥"文本框中粘贴之前复制的 API 密钥，单击"管理"按钮。

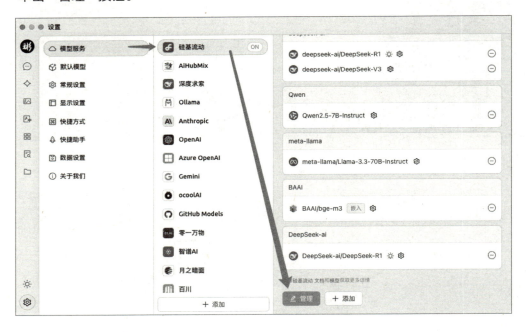

第二步：添加嵌入模型，用来分析本地知识库。

单击"嵌入"选项卡，找到"Pro/BAAI/bge-m3"，单击"+"按钮添加模型。

第三步：找到知识库，添加知识库。

单击主菜单中倒数第二个按钮（知识库按钮），单击"添加"按钮，在"名称"文本框中输入知识库的名称，例如"彬彬の知识库"，在"嵌入模型"下拉列表框中选择"Pro/BAAI/bge-m3"。

第四步：上传知识库内容。

上传知识库内容有如下方式。

- 一个一个文档直接上传。
- 一次性直接上传整个文件夹目录，该目录下"支持格式的"文件会被自动向量化（强烈建议使用这种方式）。
- 直接上传网址，例如飞书、Notion 等。
- 直接上传网站地图：支持 XML 格式的站点地图。
- 直接添加笔记（强烈不推荐使用这种方式）。

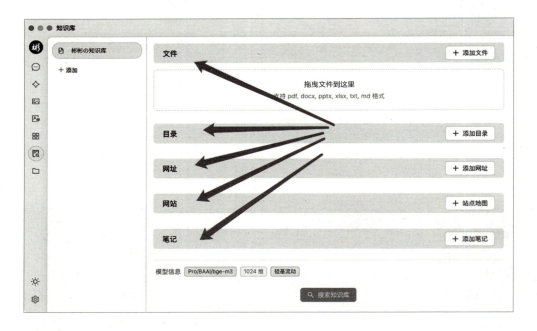

第五步：等待系统识别完内容。

当出现绿色圆圈的 √ 符号时，内容就识别完了。

第六步：搜索知识库，测试内容是否接入。

- 单击"搜索知识库"工具。
- 输入关键词，当出现内容的时候，就说明知识库已经建好了。

第七步：使用知识库进行问答。

（1）新建一个对话框。

（2）选择知识库。

（3）正常对话。

好了，DeepSeek 知识库的搭建就讲到这里，更多 AI 知识，欢迎大家关注"AI 彬彬笔记"公众号！

结语——技术有边界，探索无止境

亲爱的读者朋友们：

作为本书的作者，彬彬老师想用这篇结语，和大家说说技术的本质、AI 未来的发展方向，以及那些藏在代码背后的"人情味儿"。

DeepSeek 的独特之处，在于它用"务实的算法"重新定义了 AI 的进化逻辑。

三个带走

如果你想从本书**带走三样东西**，我希望是：

- DeepSeek 的使用能力（毕竟老板等着你降本增效）。
- 对开源精神的敬畏之心（记得给 DeepSeek 仓库点个"Star"）。
- 一个陪你沟通 & 交流的技术社群（微信搜索"AI 彬彬笔记"，回复"DeepSeek"加入读者粉丝俱乐部）。

两种心态

- **AI 恐惧症：**"担心被取代"不如"思考如何用 AI 让自己效率翻倍"。
- **AI 万能论：**再强的模型也只是工具，你的大脑才是你自己真正的主人。

本书的每一章都在传递同一个信息：**AI 不应是国际巨头的垄断游戏，而应是人类生存和发展的加速工具！**

致谢与约定

感谢每一位读者，尤其是那些深夜还在**"AI 彬彬笔记"**公众号留言和私信的朋友！

感谢梁文锋和 DeepSeek 团队，你们的开源精神值得敬畏，在 AI 江湖中你们是指引大家前行的一盏明灯！

感谢技术引路人桂素伟老师（Tokyo 生成式 AI 开发社区发起人，微软最有价值专家）和**王芳杰先生**（丑娃哥）在本书创作过程中对我的大力帮助！

彬彬老师和大家约定

如果本书销量突破 **10 万册**（做梦都要大胆），彬彬老师随机在粉丝群赠送 **AI 私域获客工具** 300 套！

下一部作品暂定名为：《DeepSeek+ 小红书种草指南》。

AI 聊天机器人合作赞助商待定，欢迎大家私信与我沟通。

最后的祝福

愿每一位读者：

- 在 AI 与算法的世界中披荆斩棘！
- 2025 年让我们持续行路却不忘初心！

青山不改，绿水长流，大家 AI 江湖再见！

—— 彬彬老师
2025 年 2 月 19 日·写于人类尚未被 AI 统治的星期三
（本书部分稿费将捐赠给开源基金会，详情关注公众号 @AI 彬彬笔记）